想像するちから

想像するちから

チンパンジーが教えてくれた人間の心

松沢哲郎

岩波書店

目　次

プロローグ――心、ことば、きずな

はじめてアイに会ったときのことを、今でもよく覚えている。

アイは、一九七七年の一一月に京都大学霊長類研究所にやって来た。私は、前年の一二月に研究所の助手として赴任していた。それまで、チンパンジーを間近で見たことはなかった。黒くて大きなサルぐらいに思っていた。どんなのが来たのかな？

初冬の肌寒い日。窓がひとつもない地下の部屋だった。裸電球が天井からひとつポロンとぶら下がっている。そこに小さなチンパンジーがいた。アイは一歳になったばかりだった。

アイの目を見ると、アイもこちらの目をじっと見た。これにはとても驚いた。その前の一年間、ニホンザルと付き合っていて、サルとは目が合わないことを知っていたからだ。サルは、目を見ると「キャッ」と言って逃げるか、「ガッ」と言って怒る。

サルにとって、「見る」というのは「ガンを飛ばす」という意味しかない。それに、見知らぬ人に出会ったニホンザルはまったく落ち着かない。ところがアイは、こちらがじーっと見たら、じーっと見つめ返した。驚きだった。

はたと気がついて、何かしてみようと思った。けれども、あいにく何も持っていなかった。ただ、いろいろな作業をするために白衣を着て、黒い袖当て——昔の役場の書記がするような——を着けていた。ほかに何もなかったから、袖当てを腕から抜いてアイに渡してみた。すると、アイはすーっと手をそこに通した。

これがニホンザルなら、受け取ったとして、匂いを嗅いで、かじってみて、食べられなければ捨ててておしまい。でもアイは、ためらわずに受け取って、すーっ、すーっと腕に通して、こちらが「ええ?」と驚いているうちに、すーっと腕から抜いて、「はい」って返した。

はじめて会った日に、これはサルじゃない、ということがよくわかった。目と目で見つめ合うことができる。自発的に真似る。そして、何か心に響くものがある。

そのときから数えると本当に長い歳月が経った。けれども、毎日が新しい。毎日、新しい何かをチンパンジーが教えてくれる。だから研究が続いているのだろう。

一九六九年に、京都大学に入学した。哲学科を志望した。「人間とは何か」が知りたかった。いろいろと考えて、当時はまだ哲学科に属していた心理学を専攻するようになった。そして、今では、「比較認知科学」という新しい学問を標榜している。

比較認知科学というのは、人間とそれ以外の動物を比較して、人間の心の進化的な起源をさぐる学問のことである。

人間の体が進化の産物であるのと同様に、その心も進化の産物である。いったんそう理解してしまえば、教育も、親子関係も、社会も、みな進化の産物であることがわかる。チンパンジーという、人間にもっとも近い進化の隣人のことを深く知ることで、人間の心のどういう部分が特別なのかが照らしだされ、教育や親子関係や社会の進化的な起源が見えてくる。それはとりもなおさず、「人間とは何か」という問いへの一つの解答だろう。

比較認知科学という自分の研究の焦点になっているのは、「心」と「ことば」と「きずな」だと思う。この三つが、人間という生き物を考えるうえでとても重要な側面だ。チンパンジーの研究を通して、そう気がつくようになった。

「心」と「ことば」と「きずな」が人間にとって大切だということは、すでに長いあいだ、われわれは知っていたのだと思う。たとえば、「心に愛がなければ、どんなに美しいことばも、相手の胸に響かない」という表現がある。聖パウロのことばだそうだ。「人と人との間」にある「人間」の本質をうまく言い得ている。

アイと出会ってから、まる三三年が経過した。一九八六年からはアフリカの野生チンパンジーの研究もしている。毎年一回アフリカで調査をして、これも二五年目になる。いつのまにか私も還暦を迎えた。

チンパンジーと出会い、チンパンジーを見た。日本で、アフリカで、チンパンジーと寄り添うような日々を積み重ねるなかで、彼らのことを少しずつ理解してきた。

「浅き川も深く渡れ」ということばがある。字義通りにとれば、慎重にふるまいなさい、という意味だろう。一見すると浅く見える川も、実際には思いのほか深いことがある。だから、足を取られて流されないように慎重に歩きなさい、という意味である。

しかし、このことばは私には少し違ったニュアンスに聞こえる。一見すると何気なく見過ごすもののなかに、実際には深い意味がひそんでいることがある。だから、浅いと見えるものも深く味わってみなさい、という意味に受け取れるのだ。細部にこそ、物事の本質が現われる。

チンパンジーには、人間の言語のようなことばはない。でも、彼らなりの心があり、ある意味で人間以上に深いきずながある。チンパンジーをより深く知ることで、「人間とは何か」を考えてみよう。

本書では、浅い川を深く渡ることで見えてきた、人間の心、ことば、きずなの進化的起源についてお話ししたい。

第一章　心の歴史学

心はどのようにして生み出されるのか。

その問いに答えようと、さまざまな研究がおこなわれている。

一つは神経基盤の解明、簡単にいうと脳科学だ。心は脳という器官が司っているのだから、脳の研究こそが心の研究だという。

その一方で、心を生み出す社会基盤の解明も考えられる。外国に行くと、自分はやはり日本人だなぁと思うことが多い。異文化に囲まれて、自分の心や意識が、生まれ育った社会のなかで形成されていることを強く感じるからだろう。つまり、文化人類学、あるいは社会学といった側面から、心を研究することができる。

さらに、心を生み出す工学基盤の解明もある。たとえば、計算論とかロボティクスといったことばを聞いたことがあるかもしれない。これらは、心と同じ働きをするモデルや機械をつくるという形で、心を生み出す基盤を解明しようとする研究だ。

このように、脳や社会や工学といったさまざまな側面から心の研究は進められている。しかし、まだ残る問いがある。それは、人間の心の由来である。人間の心がどういうものであるか、あるていど分解・分析されたとして、ではどうして、今ある形、こういう心として、われわれのなかにあるのか、という歴史の問題である。

心がどういう歴史的経過をたどって現代のそれのようになったのか。心の由来について、脳科学は答えない。文化人類学も答えない。ましてやロボティクスは答えてくれない。心を生み出す進化基盤の解明は、心の歴史学ということができる。心がたどってきた歴史を跡づける研究である。

心は化石に残らない

「人間の体が進化の産物であるのと同様に、その心も進化の産物である」。チンパンジーの研究を通じてそう実感するようになった。人間の体の進化を研究するのならば、まずは化石を求めて地中を掘るだろう。化石を見れば、どういう形をしていたのか、どういう体をしていたのかがわかる。けれども、いくら地中を掘っても、人間の心は出てこない。心というものが脳という器官によって司られているとすると、脳は軟部組織だから、化石という形では残らない。

人間の心の歴史をたどるには、心の化石を探すかわりに、いま生きている他の種類の生き物と比較する。二つの近縁な種のあいだで、心理的な機能について何か同じ特徴があるとすれば、それは共通祖先から由来したものだ、と考えるのが妥当だろう。

たとえば、道具を使うということは人間もチンパンジーもするから、道具を使うという技術的能力は共通祖先に由来しているだろう、と考える。声に出してことばを話すということは人間しかしないから、ことばは、共通祖先から分かれて人間が人間になる過程で獲得したのだろう、と考える。

このようにして、いま生きている種どうしの比較を通じて、人間という生き物がたどってきた歴史を知る、とくに心の進化的な基盤を知るということが、比較認知科学という学問のめざすところになる。

人類はいつも複数いた

もしも今、ホモ・エレクタス（原人）が生きていれば、エレクタス人を研究したい。あるいは、約三万年前まで生きていたホモ・ネアンデルタレンシス（ネアンデルタール人、旧人）が、もし今もいるならば、当然、ネアンデルタール人が比較認知科学の研究対象になるだろう。

もっと最近、つい約一万八〇〇〇年前まで、インドネシアのフローレス島には、ホモ・フロレシエンシスという人類がいた。これは、身長が一メートルくらいで、脳の大きさはチンパンジー程度、道具を使い、火を起こす人類だった。今もそういうものが生きていれば、それとの比較研究をしたいところである。

けれども、フロレシエンシスもエレクタスもハビリスも、人間以外のすべてのホモ属がすでにい

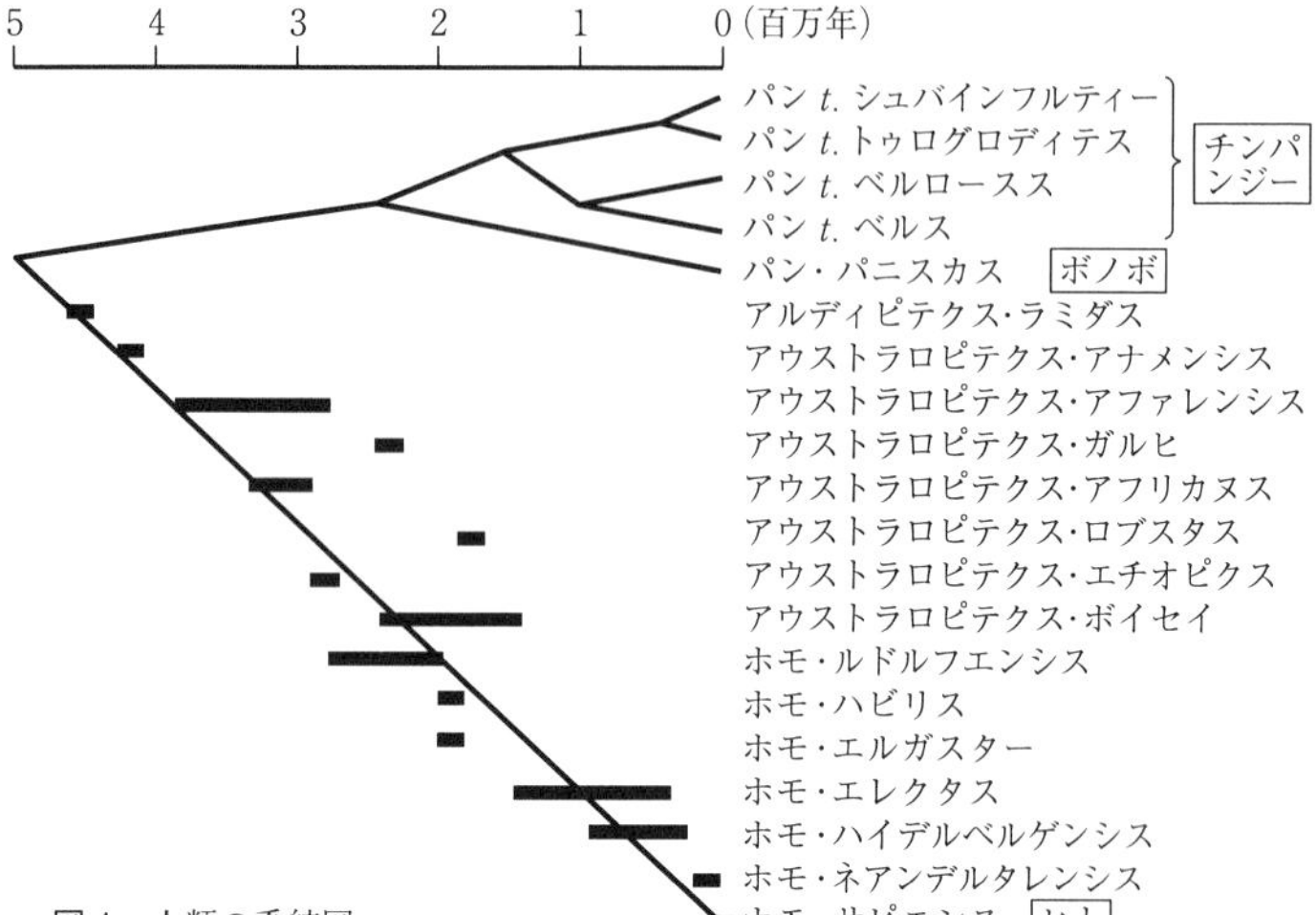

図１　人類の系統図

なくなっていて、アウストラロピテクス属（猿人）もいない。だから、われわれにできるのは、人間（ホモ属）にもっとも近いパン属（チンパンジーとボノボ）との比較ということになる。

ここで、一つ強調しておきたいことがある。現在は、われわれ人間（ホモ・サピエンス）しか人類がいないが、これは歴史上めずらしい事態で、人類はいつも複数いるのが普通だった（図1）。

関連してもう一つ、よくある誤解を正しておきたい。猿人、原人、旧人、新人と教科書に書いてあるけれども、猿人が原人になって、原人が旧人になって、旧人が新人になったという、一直線の進化を人類がとげたのではない。猿人と原人は同時代を生きていたし、原人と旧人、さらには旧人と新人も、同時代を生きていた。それぞれが同時代を生きた別の人類であり、それぞれが死に絶えたということなのである。

近いものを比べる、似たものを比べる

比較認知科学には大きく分けて二つのアプローチがある。

一つは相同にもとづく比較。これは、進化的に起源の近い生き物どうしを比較する手法だ。それによって、人間の心の進化的な基盤をさぐろうというものである。人間とチンパンジーの共通祖先は、およそ五〇〇万年前に生まれた。

もう一つは相似にもとづく比較。もちろん同じ生命だから共通祖先はどこかにいるのだが、はるか昔に分かれて進化的な起源の遠い生き物、たとえば鳥類と人間を比較する。鳥の仲間でもカラスやオウム、アオカケスは、非常に賢いことが知られている。そういった知性はどのように進化してきたのか。

鳥の脳は、人間の脳のような大脳皮質はなく、そもそも構造からして違う。でも、彼らのもっている心というものを研究することはできる。進化的な起源でいえばかなり遠く離れた種に、似たような機能が現われることがある。進化の用語で、収斂《しゅうれん》という現象だ。進化的起源は違うが似た機能、すなわち相似に着目して研究する方法である。

私は、前者の相同に着目して、人間にもっとも近縁で、今も生きているチンパンジーを対象にして、人間とどこが同じか、何が違うのかを研究しようと考えた。

チンパンジーはヒト科

二〇〇九年に、京都大学霊長類研究所の編著で『新しい霊長類学』(講談社ブルーバックス)という本が出た。霊長類学というと、サル学だと思う人が今でも非常に多いが、それは間違いだ。「霊長類＝サル」ではない。霊長類は、人間を含めたサルの仲間であり、人間が含まれる。

巷にあふれている書物のなかには「人間と霊長類」という書き方をしているものもある。「霊長類＝サル」と考えるから「人間と霊長類」と書いてしまうのだろう。でも、「人間と哺乳類」といわれたら、ちょっと違和感はないだろうか。「人間と脊椎動物」は、かなり違和感がある。なぜなら、人間は脊椎動物だし、哺乳類だから。

そういう対置ができないのと同じように、「人間と霊長類」という対置はできない。「人間と鳥類」や「人間と魚類」というように、自分自身を含まないものとの対置はかまわない。しかし、自分自身を含むものとの対置は奇妙だ。「人間と霊長類」はありえない。「人間とそれ以外の霊長類」というのが正しい表現だ。

もう一つ知っておいてほしいのは、「チンパンジーはヒト科」ということだ。

ヒト科ヒト属ヒトという言い方には、すごく特別な生き物がいるというニュアンスがまとわりつく。ヒトという生き物が、一科一属一種と思われがちだが、それは違う。動物分類学上、ヒト科は四属というのが現在の通例である。つまり、ヒト科ヒト属(ホモ属)だけでなく、ヒト科チンパンジー属(パン属)、ヒト科ゴリラ属、ヒト科オランウータン属の四属である。

さらに、チンパンジーは学問的にヒト科というだけではなくて、法律上もそうなっている。すでに日本の法律では、チンパンジーはヒト科に分類されているのだ。

たとえば、「こういった種は絶滅危惧種ですから大事にしましょう」と書かれている種の保存法や動物愛護法という法律には、どういう動植物が絶滅危惧種かというリストがある。そこに、ヒト科チンパンジーと書かれている。だから、たんに学問的にヒト科と分類されるというだけではなく、法律上もチンパンジーはヒト科なのだ。「ヒト科は四属」ということを、ぜひ知っておいてほしい。

ゲノムの違いは約一・二パーセント

人間とチンパンジーのゲノムすなわち全塩基配列が二一世紀になって確定した。二一世紀を生きる人が、二〇世紀の後半を生きてきたわれわれの世代と大きく違うところは、ゲノム的人間観をもつようになった最初の世代だということだろう。

ゲノム(genome)というのは、遺伝子を意味する英語のジーン(gene)と、染色体を意味する英語のクロモサム(chromosome)とを合体させてつくられた用語だ。全遺伝情報という意味である。ゲノムは、ヒトでいえば二三対すなわち四六本の染色体に分散している。ちなみに、チンパンジーは二四対、四八本である。その染色体上に、アデニン、チミン、グアニン、シトシンの四種類の塩基が三〇億ぐらい連なっている。ただし、そのすべてが機能しているわけではない。遺伝子とよばれる領域があって、ある程度のかたまりをもった塩基列が、染色体上に島のようにポツポツとある。

この遺伝子の領域にある塩基が三つずつ読まれて一つのアミノ酸を指示し、そのアミノ酸が連なってタンパク質をつくり、そのタンパク質が集まって生物の体を構成している。

ヒトの全ゲノム解読ができた。概要版が二〇〇一年、そして完全版が二〇〇四年に公表された。四種類の塩基が三〇億ぐらい連なる、人間という生き物を構成している全遺伝情報が解読されたのである。遺伝子は二万数千という数だとわかった。細菌である大腸菌や、植物のシロイヌナズナや、動物であるハツカネズミの全ゲノム解読も終わった。驚いたことに、人間だからといって、他の生命より特別にゲノムの塩基列が長いということはなかった。遺伝子の数が多いということもない。

ヒトの全ゲノム解読ほど一般に知られていないけれども、チンパンジーの全ゲノムも二〇〇五年に解読された。チンパンジーゲノムも約三〇億の塩基からなっている。遺伝子の数もほぼ同じである。人間とチンパンジーの全ゲノムを比較した結果、DNAの塩基の並び方でいうと、約一・二パーセントの違いがあった。逆にいうと、約九八・八パーセントは同じだった。

人間は九八・八パーセントまでチンパンジーである。逆にいえば、チンパンジーは九八・八パーセントまで人間と同じ生き物である。

ニホンザルの全ゲノム解読は現在進行中で、もうすぐ終わる。同じマカク属のサルであるアカゲザルの全ゲノム解読は二〇〇七年に終わった。DNAの塩基の並び方でいうと、人間とサルのあいだには約六・五パーセントの違いがあった。

人間とチンパンジーとニホンザルの三者を見比べてみよう。どうしても、チンパンジーとサルが似ているように思えるだろう。しかし実際には、人間とチンパンジーがよく似ていて、サルが違う生き物なのだ。

もちろん三者に共通する祖先がいた。およそ三〇〇〇万年前と推定されている。その共通祖先から分かれてサルはサルになった。その時点で、人間とチンパンジーは同じひとつの生き物である。その生き物がずっと命をつないでいって、およそ五〇〇万年前に人間への系統とチンパンジーへの系統に分岐した。

二一世紀はゲノム的人間観の時代である。チンパンジーの全ゲノムが解読された前年に、実はイネのゲノムも解読された。人間も、チンパンジーも、イネも、四種類の塩基の並び方で規定されている。驚いたことに、イネのゲノムの中に見つかった遺伝子を人間のと比較してみると、ほぼ同じものが約四〇パーセントも見つかった。人間とイネの命がつながっている。

地球が誕生して約四六億年。そこに生命が誕生して約三八億年と推定されている。地球に誕生した生命が、長い時間の経過のなかで、その姿や形を変えながら命をつないできた。人間とチンパンジーのゲノムを比較することで、両者が遺伝的にきわめて近いことがわかった。ほとんど同じ生き物である。

さらにいえば、人間とチンパンジーとサルがつながっているだけではない。ネズミやイネや、桜の木でさえも同じ命がつながっている。人間と桜の木を同じ生き物だと実感できるようになった。それがゲノム的人間観である。

第二章 生 活 史——人間は共に育てる

私が野生チンパンジーの研究を始めたのは一九八六年。西アフリカのギニアのボッソウという場所がフィールドだ。毎年一回、一二月から一月にかけて、だいたい一ヵ月間、ボッソウに住む野生チンパンジーの調査に行く。二〇一〇年に二五年目を迎えた継続調査である。

ボッソウのチンパンジーは石器を使うことで有名になった。一組の石をハンマーと台にして、アブラヤシの硬い種を叩き割り、中の核を取り出して食べる。

そこには現在、一群れ一三人のチンパンジーがいる。それぞれに名前をつけて長期間にわたって継続観察してきたので、どのチンパンジーの母親が誰なのか、ということもわかっている。観察だけでなく、野外実験もおこなって、道具使用の実態を詳しく調べてきた。道具使用については第五章で詳しくお話ししたい。

野生チンパンジーの観察を、くる年もくる年も二五年間続けていくなかで、チンパンジーの一生というものがようやく見えてきた。チンパンジーの寿命は最長で約五〇歳だということがわかった。そうであれば、二五年間というのは、チンパンジーの人生の半分しか見ていないことになる。

それでも、赤ちゃんから五〇歳のお年寄りまで、ボッソウにいたチンパンジー全部を寄木細工みたいに集めると、二五年のあいだに、チンパンジーの一生をだいたい一通り見たことになる。今は一三人しかいないけれども、すでに亡くなったり、どこかへ行ってしまったチンパンジーも数えてみると、ボッソウのチンパンジー全部で三五人を、これまでに見てきた。

そうした長期継続観察の中から見えてきた「人間とは何か」の答えを、ここではお話ししよう。

野生チンパンジーのいるところ

アフリカは大きい。アメリカとEUとインドと中国とアルゼンチンとを全部たしあわせても、まだアフリカのほうが広い。「アフリカ」とひとことではくくれない。熱帯林から砂漠まで、肌の色もことばも異なるさまざまな人々が暮らしている。それほどの多様性があるということを、まず知っておいていただきたい。

アフリカ北部には、サハラ砂漠という、とてつもなく大きい砂漠がある。その南側に、ちょうど赤道をはさむようにして熱帯雨林が広がっている。その熱帯雨林と周辺のサバンナに、チンパンジーは住んでいる(図2)。国でいうと、東はタンザニアから、西はギニア、セネガルまで、チンパンジーが生息している。

チンパンジーには四つの亜種（図1参照）が知られている。通称、東チンパンジー、中央チンパンジー、ナイジェリア・チンパンジー、西チンパンジーの四つだ。動物園にいるのは、だいたい西チンパンジー。私はその西チンパンジーの研究を、ギニアという国のボッソウという所でおこなってきた。

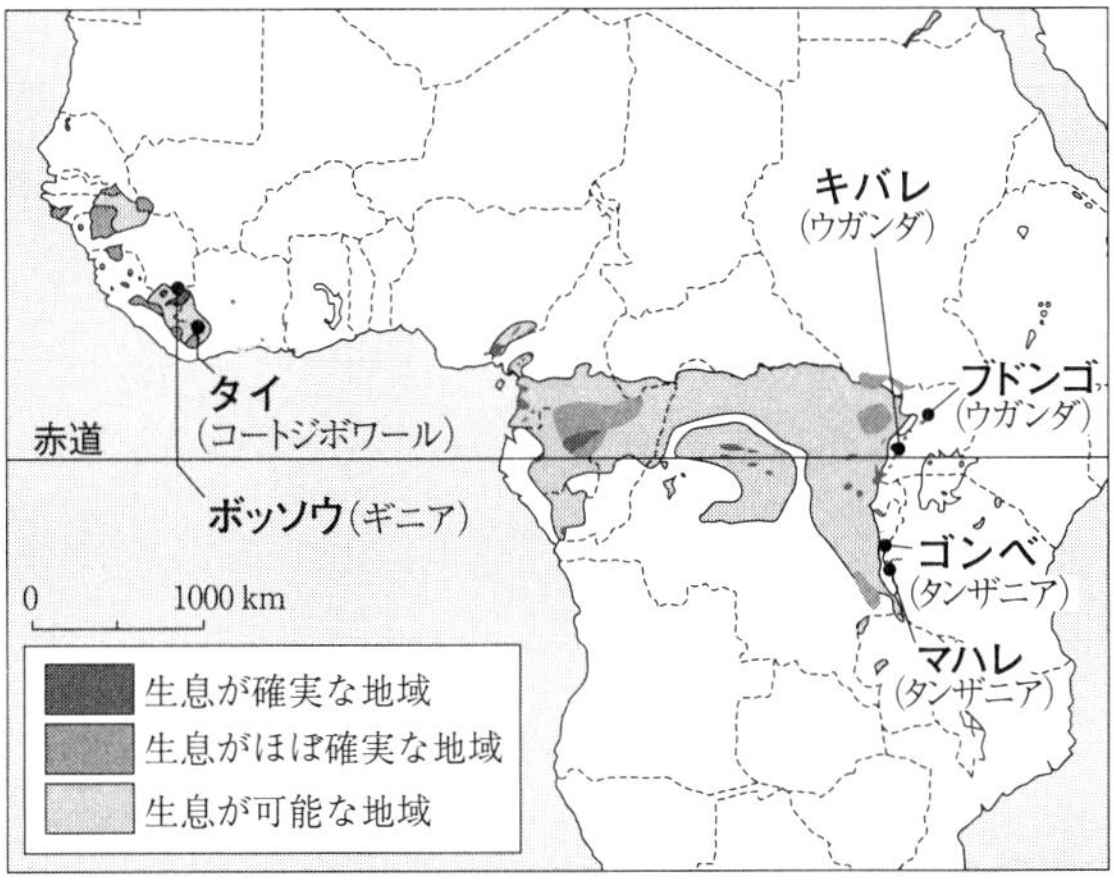

図2　野生チンパンジーの生息地域と6つの主要な調査地

　ギニアは日本の約三分の二の広さがある。西のはずれにコナクリという首都があり、そこからマムー、ファラナ、ンゼレコレという町を通って、一〇五〇キロ移動するとボッソウに着く（図3）。東京―大阪間を往復するくらいの距離で、車で丸二日かかる。

　この国には公共の交通機関がない。ボーキサイトを運ぶ鉄道はあるが、人が乗る鉄道がない。公共のバスもない。それでは何に乗るかというと、ブッシュタクシーという乗合自動車を使う。われわれの場合は、自前の車があるので、それで行く。

　国の東南の隅には、ニンバ山という、西アフリカのランドマークがある。日本でいえば富士山のようなものだ。ギニア、リベリア、コートジボワール三

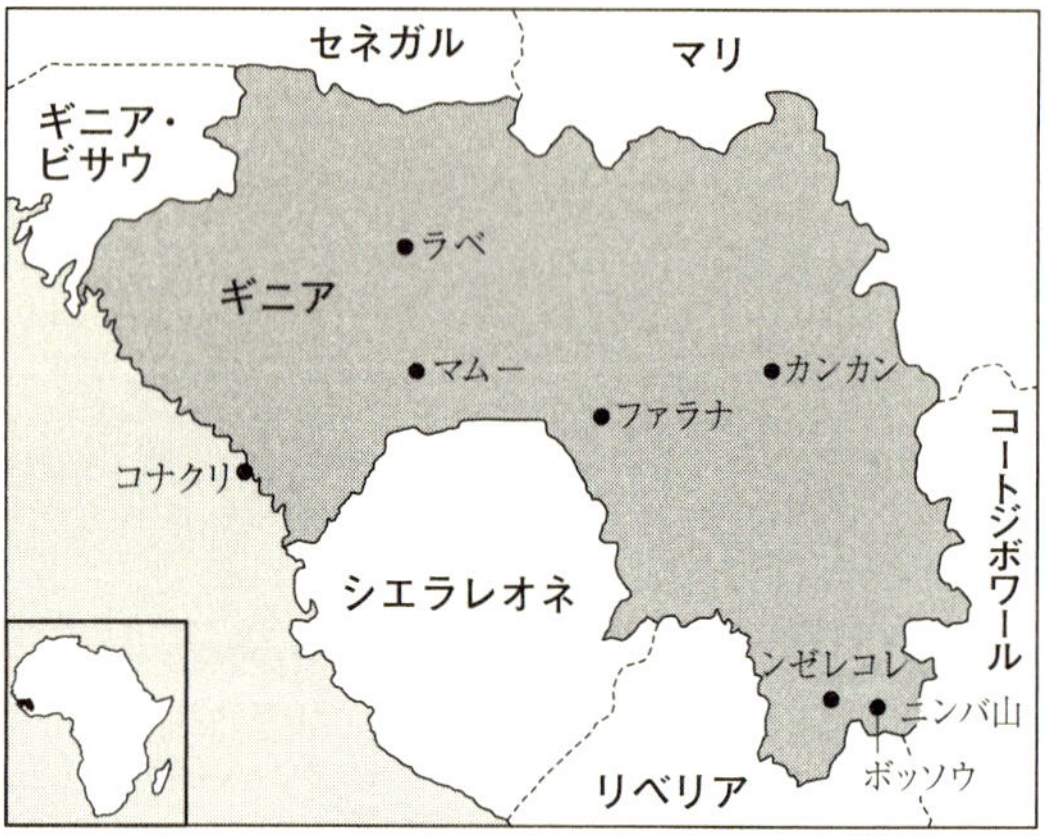

図3　ボッソウの位置

国の境目にある山で、ギニアで唯一の世界自然遺産となっている。コートジボワール側も世界自然遺産だ。森林ギニアの中核である。森林ギニアは、コンゴ盆地と並んで生物多様性のホットスポットであり、ここを水源として、ニジェール川などの大河が流れ出している。

ニンバ山の山裾から少し離れたところに、ボッソウという村がある。村の周辺を小さな丘が取り囲んでいて、森で覆われている。

このボッソウで、一九七六年からチンパンジーの調査が続いている。最初に始めた人は杉山幸丸さんという、京都大学霊長類研究所の所長をされていた方だ。私は、二番目の研究者として調査に参加した。以来、これまでたくさんの研究者がボッソウとニンバ山で研究してきた。

ここは他のアフリカの調査地と違って、人口がかなり密集している地域のそばにチンパンジーがいるという特徴がある(図4)。ボッソウ村の人口は約三〇〇〇人。その村の周辺の森にチンパンジーが住んでいる。

ボッソウのチンパンジーは、他の地域のチンパンジーと異なり、トーテム、つまり部族の信仰対象として守られている。守り神である。保護区だから守られているのではない。アニミズムというか原始的・宗教的な信念があって、現地のマノン人にとって食べてはいけないものとされているのだ。

図４　ボッソウ村の様子(撮影：松沢哲郎)

　トーテムは村を構成する一族ごとに違う。チンパンジーだけがトーテムの一族がある。イヌがトーテムの一族がある。あるいはチンパンジーとカタツムリ、チンパンジーとイヌがトーテムの一族もある。これらの動物を食べてはいけない。守り神であるべきトーテムの動物を食べると、体中に吹き出物が出ると信じられている。

　ボッソウという村を最初につくったゾビラという一族はチンパンジーがトーテムだ。だから、チンパンジーを食べない。それで、その後にやってきたグミという一族もチンパンジーをトーテムとして、食べなくなったそうだ。

とはいえ、人間と近いところで暮らしているので、チンパンジーは、バナナやパパイヤ、オレンジ、キャッサバといった、換金作物としてそこにあるものを食べてしまう。イネも食べる。いわゆるお米の部分にあたる穂ではなくて、茎の部分を噛みしめる。自分で茎を噛んでみてわかったのだが、ほんのり甘い汁が出る。つまり、ニホンザルの猿害と同じ問題があって、住民とのあいだに軋《あつ》轢《れき》がある。

チンパンジーのコミュニティでは、女性は年頃になると外に移籍する。ボッソウの場合も、たしかに一〇歳前後の頃、つまり子どもを産む直前か、最初の子どもを産んだ後に、若い女性チンパンジーは例外なく失踪している。おそらく近くの群れに移籍したのだろう。

女性の移籍は、近親交配を避ける自然の摂理だと考えられている。しかし、外からボッソウの群れに女性はやってこない。過去三五年間の記録を見ても、ボッソウに移籍してきた女性の例がひとつもない。周りを人間が取り囲んでいて群れが孤立しているので、よそから入りにくいのだろう。

ボッソウ村には京大の研究施設とギニアの研究施設が並んで建っている。ギニア側の施設はボッソウ環境研究所という。高等教育科学研究省が所轄する国立の研究所だ。首都ではなく、世界自然遺産の山のふもとに研究所がある。そういう意味では非常にユニークな機能をもつ研究所だといえる。日本人とギニア人が協力して、チンパンジーをはじめとする動植物、さらには環境科学の研究を推進するというのが設置目的だ。けれども、なかなか理想どおりには進まない現状もある。

私が調査を始めた二五年前、ボッソウには電気というものがなかった。夜になると真っ暗だ。太鼓の音だけがドドン、ドン、ドン、ドド、ドンドンと響く。アフリカの漆黒の闇だけが広がっていた。そういったアフリカの森の風情は急速に失われつつある。

昔は、野外調査をした日の夜は、部屋のなかで石油ランプの灯りのもと、フィールドノートを整理しながらぼそぼそとしゃべっていた。そんな雰囲気はもはや無い。今は発電機を回して、みんながコンピュータに向かって忙しい。まるでインターネットカフェみたいだ。この二年ぐらいで携帯電話も普及して、日本からの電話もかかってくるようになった。

ボッソウの森から五キロほど離れたところに、サバンナをはさんで、先ほどお話ししたニンバ山の森がある。ニンバ山はギニアで唯一の世界自然遺産だが、危機的状況にある。実はこの山全体が鉄鉱石の塊だ。欧米や日本も含めた外国資本が、その鉄鉱石を運び出すために、山をてっぺんから掘ろうとしている。世界自然遺産に指定されているということが、ほとんどなんの役にも立っていない。

ニンバ山にも一九九九年来、われわれの調査地がある。ボッソウの研究施設とはうってかわって、こちらはずっと昔のアフリカ調査の最初期と同じく、ヤシの葉柄でつくった小屋だ。中にはキッチンがあって、煮炊きをしながら泊りがけの調査をする。

ごく最近になって、チンパンジーもだいぶ人に慣れてきた。以前は研究者の姿を見るとすぐ逃げていたのに、危険ではないとわかったのだろう。逃げずにとどまる。そうした「人づけ」がずいぶん進み、個体識別をして、写真が撮れるようになった。

チンパンジーの暮らし

チンパンジーは、基本的にはベジタリアンだ。果実を主にして、葉や新芽、樹皮、樹液の固まった樹脂などを食べる。パパイヤも食べる(図5)。人間が植えたキャッサバという芋を引っこ抜いて食べたりもする。バナナも食べる。ただし、われわれが食べる、いわゆる実の部分ではない。直径二〇センチはある太い茎の真ん中にある、小指ほどの太さの芯の柔らかい部分だけを食べる。

図5　パパイヤを食べる(撮影：パスカル・グミ)

その他に、シロアリやアリといった昆虫も食べる。ボッソウのチンパンジーはほとんどベジタリアンだけれども、唯一の例外として、体がウロコに覆われ体長が五〇センチくらいのセンザンコウとよばれる動物を捕って食べる。アフリカの他の地域では、サルを捕って食べたり、シカやイノシシのたぐいを捕って食べたりと、肉食もかなり頻繁に見られる。

それから、チンパンジーは日常的に道具を使う。

台石とハンマー石を使ってアブラヤシの種を割ったり、ヤシの杵《きね》つきをしたり、シロアリ釣り、水藻《みずも》すくい、といったことをして食べ物を手に入れる。道具は、稀にたまたま使うのではない。彼らの生存に必須のものとして、いつも使う。山越言さんの研究によると、通年でならして、何かを食べている時間のうちの約一五パーセントは、道具を使って食物を手に入れている。

ただし、どんな道具を使うかは、チンパンジーのコミュニティによってさまざまで、文化の違いがある。たとえば、ボッソウのチンパンジーは石器を使うのに、わずか五キロくらいしか離れていないニンバ山のチンパンジーは石器を使わない。ニンバ山で、野外実験として、石とアブラヤシの種を置いてやり、トラップカメラというビデオカメラを木の幹に固定しておいて、自動的にシャッターが下りる仕掛けを用意した。通りかかったチンパンジーの様子がしっかりと写る。しかし、ずっと観察しているのだが、いっこうに割らない。道具使用の文化については、すぐあとでもう少し詳しく話そう。

そして、チンパンジーは音声でコミュニケーションする。

「ハッハッ、ハッハッハッハッ」は遊んでいるときの笑い声。歯茎を剝き出して「キャー、キャー」というのは、何かに驚いているときの悲鳴。唇を突き出して「フーォ、フーォ」というのは心細い、少し不安なときの声だ。

声で互いに挨拶もする。姿の見えない遠くの仲間に向かって「フー、ホー、フー、ホー、フーホーフーホーフーホー、ウワォー、ホホホ」と声をかけると、向こうのほうから同じような大きな声

図６　遠くの仲間にパントフートで呼びかける
（撮影：パスカル・グミ）

が「ウワォー、ウワォー」と和して聞こえてくる。これはパントフートとよばれる遠距離の挨拶だ（図６）。声が聞こえたら、その声音《こわね》に耳を澄ませば誰の声かわかる。その声の方向と距離から、誰がどこにいるのかわかる。その声のするあたりの様子を思い浮かべれば、このまえ通りかかったときにイチジクの実がたくさん熟れていたから、きっとあの木でイチジクを食べているに違いない、ということまでわかる。

近い距離での挨拶には、パントグラントという声を使う。目上の強いチンパンジーに近づいて行くときには、下位のチンパンジーは頭を下げ背中を丸めて小さくなり「ゴッゴッゴッゴッ」という声を出す。それに対して、上位のチンパンジーは手を伸ばして相手の頭や体に軽く触れることで、「まあよしよし」といったぐあいに、しぐさで優劣を確認するようなことをする。

食べ物を食べるときには、「アッ、アッ、アッアッ」というような声を出す。フードグラントとよばれるその声を聞くと、チンパンジーが何かを食べているのがわかる。

こうした音声のバリエーションが、だいたい三〇種類くらいある。人間のことばとは比べものにならないが、チンパンジーなりの音声によるコミュニケーションがある。

文化による違い

チンパンジーに文化があることを示す、いちばん明確な例は、先ほどの道具使用だろう。

タンザニアのゴンベ（図2参照）にいるチンパンジーのシロアリ釣りはとても有名だ。今から五〇年も前の　九六〇年に、ジェーン・グドールさんが発見した。ゴンベのチンパンジーは、シロアリの塚の穴の中に細い棒を差し込んで、驚いて噛みついてきたシロアリを引きずり出して舐めとる。

ところが、ボッソウのチンパンジーはシロアリ釣りをしない。シロアリはいるし、塚もある。シロアリも食べる。塚から這い出てきて、羽化してパーッと飛び散り、羽を落として地面の中にもぐりこむ、というのがシロアリの生活史だ。ボッソウのチンパンジーはそうして出てきたシロアリをつまんで食べる。でも、シロアリ釣りはしない。

ちなみに、この羽化して出てきたシロアリは人間にとっても好物だ。ボッソウの村人たちは、拾い集めて天日に干して食べる。シャリシャリした食感があり、ほんのりと甘い。

シロアリの塚の中にツルや茎を差し込むとき、シロアリは見えていない。そこにわざわざ細いツルや茎を持ってきて差し込むということは、見えない中のものをそこにあると理解しているということだ。そして、釣りでいうあたりみたいなものを感じて、すっと引き出して舐めとる。こういうシロアリ釣りを、ゴンベのチンパンジーはするが、ボッソウのチンパンジーはしない。

その一方で、ボッソウのチンパンジーは、石器を使う(図7)。一組の石をハンマーと台にして、アブラヤシの種の硬い殻を叩き割って、中の核を取り出して食べる。

図7　台石とハンマー石を使ってアブラヤシの種を割るボッソウのチンパンジー(撮影：野上悦子)

でも、ゴンベのチンパンジーは石器を使わない。アブラヤシの種はある。石ももちろんある。けれども、硬い種の殻をわざわざ叩き壊してまで、種の中の核を食べたりしない。種の中の核だから、外からは隠れて見えない。そもそも中においしい核があるということを知らないのだと思う。

アブラヤシは硬くて大きな種の殻の周りに赤い果肉がついていて、その油を絞って食用油にする。パームオイルという食用油や、マーガリンに使われたりする、とても重要な食料源だ。洗剤にも使われる。チンパンジーはゴンベでもボッソウでも、アブラヤシの種の外側の赤い果肉は食べる。でも、ボッソウのチンパンジーは硬い種を叩き割って、中の核を取り出して食べるのに、ゴンベのチンパンジーはそういうことをしない。

人間だって同じだ。日本人はお箸を使って刺身を食べるけれども、人類がみな、二本の棒を道具にして生の魚を食べるわけではない。それぞれの地域で文化的な伝統があって、何を食べるか、どういう道具を使うかが決まっている。それとまったく同じことがチンパンジーにもあることがわかってきた。

文化による違いは音声コミュニケーションにも見られる。

先ほど紹介したパントグラントという近距離の挨拶の仕方は生まれもって決まっているようだが、遠距離の挨拶であるパントフートにはどうも方言があるらしい。

標準的なパントフートは「フー、ホー、フー、ホー、フーホーフーホーフーホー、ウワォー、ホホホ」と聞こえる。実は四つの部分からなっている。「フー、ホー、フー、ホー」という出だしのイントロダクションの部分。それから「フーホーフーホーフーホー」とだんだんだんだん高まっていくクレッシェンドの部分。そして「ウワォー」というクライマックス。最後に「ホホホ」とコーダがくる。イントロダクション、クレッシェンド、クライマックス、コーダという四小節からなる一連の声だ。

ところが、別の場所、たとえばウガンダのキバレ(図2参照)の森の群れでは、途中のクレッシェンドがなくて、「フー、ホー、フー、ホー、ウワォー、ホホホ」だそうだ。イントロダクション、クレッシェンド、クライマックス、コーダなし、というような形の群れもあるという。つまり、明らかに群れによって声が違っている。

パントフートで遠距離コミュニケーションする。そういう基本的な部分はどの地域のチンパンジーにも共通で、生得的なものだ。しかし、音声パターンをどう組み立てるかについては、文化的なバリエーションがあるという可能性が指摘されている。

社会

チンパンジーは父系社会だ。お祖父《じい》さん、お父さん、息子は群れに残って、女性は適当な時期になると外に出る。だいたい一〇歳前後で、子どもが産める体になると出て行く。

一方、日本人になじみ深いニホンザルは母系社会だ。お祖母《ばあ》さん、お母さん、娘は群れにいて、男たちは適当な時期になると外へ出る。だから独りザルや離れザルは、みんな男性だ。

哺乳類は、五〇〇〇種類くらいいる。だいたいは母系である。ゾウもライオンもキリンも母系で、父系の哺乳類は少ない。哺乳類のなかの霊長類でも、父系は少ない。父系は、チンパンジー、クモザル、アカオザル、それからムリキぐらいである。

父系・母系どちらにしても、近親交配を回避する自然の摂理といえる。男性も女性もどちらもずっと群れに残っていると、近い血縁で子どもをつくって、血が濃くなってしまう。それを避ける方法は、自然界には三通りしかない。女性が出て行く父系社会、男性が出て行く母系社会、男女の両方が出て行く社会。そのどれかになる。

三番目の男女ともに出て行く核家族型の社会は、霊長類でいうとテナガザルがそれにあたる。そういう社会の場合には、お父さんとお母さんと子どもたちがいて、その子どもたちは、男性も女性も生まれた群れを出て行く。現代の人間の社会もそれに近い。

チンパンジーの社会には男女が複数いる。ニホンザルもそう。けれども、テナガザルの場合は基本的には男女のペアの社会になっている。霊長類ではほかに、男性が一人で女性が複数いるハーレムの形になっている社会などがある。マントヒヒがその例だ。

チンパンジーの場合、大人の男女が複数いるので、赤ちゃんの視点にたつと、お母さんは当然わかるが、お父さんが誰かはわからない。群れにいる大人の男性は、自分の父親か、あるいはかなり年上のお兄さんか、あるいはおじさんかお祖父さんか、ということになる。なぜなら、男性がみんな群れに残るわけだから。

こんどは大人のチンパンジー男性の立場から見てみよう。よそから若い女性が入ってきて、みんなでセックスする。だから赤ちゃんが自分の子どもかどうかわからない。でも間違いなく、その子は自分の子どもか、父親が生ませた歳の離れた弟妹か、あるいは自分の兄が生ませた甥か姪か、そういう関係だから、濃淡はあれ、血がつながっている。

子どもの側から見れば、誰がお父さんかはわからないけれど、みんながお父さんのようなもの。つまり、お母さんと、「お父さんズ」という複数のお父さんがいる。それがチンパンジーの社会ということになる。

そういうチンパンジー社会は、だいたい数十人規模だ。百人以上になることも稀にはある。千にはならない。数十からせいぜい百数十ぐらいの個体数で、一つの地域に住んでいる。ニホンザルは一つの群れが群れごと遊動しているのに対して、チンパンジーの場合は群れごと遊動せず、その地域集団(コミュニティ)が、だいたいいつも複数の小集団(パーティ)に分かれている。

パーティには、たった一人のパーティから、集団の全メンバーを含んだ大きなパーティまである。三々五々という表現のごとく、三々五々、四分五裂、分かれては集まり、集まっては分かれる。パーティはつねに流動している。

観察者の目の前にあるのは、そうした、構成メンバーが入れ替わるパーティだ。しかし、時間をぐるぐるっと早回ししてみると、ある地域には特定のメンバーしかいないことが見えてくる。それが群れでありコミュニティである。さらに広くその地域を見渡してみると、そういった一つのまとまりをもった群れが互いに隣り合っている。このチンパンジーの隣り合う群れは敵対的だ。仲が良くない。互いにけんかする。自分たちのなわばりの周辺を大人の男たちが見回っている。

生活史

ボッソウのコミュニティでいちばん最近生まれたのは、二〇〇九年一一月一八日生まれのジョドアモンだった。生まれてすぐ、一ヵ月弱のときにはじめて見た。名前は現地のマノン語でつけられた。ジョドアモンは「希望」の意味だ。生まれてしばらく性別がわからなかったが、二〇〇九年一二月二四日のクリスマスイブに、ようやく女の子だとわかった。しかし、残念なことに、この子は二〇一〇年六月に風邪をこじらせて、一歳の誕生日を迎えることなく、あっというまに亡くなった。

ジョドアモンが亡くなった今、ボッソウの群れでいちばん若いのは、二〇〇七年九月一四日生まれのフランレという男の子だ。母親のファンレも若い(図8)。

一九七六年から現在まで、三五年間に及ぶボッソウの観察からわかった人口の移り変わりを図9として載せた。いちばん多いときは二二人で、今は一三人である。

図8　フランレ(右)と彼の母親のファンレ
(撮影：松沢哲郎)

二〇〇三年の暮れに呼吸器系の感染症、簡単にいえばインフルエンザが流行って、一年間に五人亡くなった。そのとき亡くなったのは、おばあさん二人と赤ちゃん二人と一〇歳の男の子。それでがくっと減ったのが、今は少し戻ってきた。現在は、高齢者の割合が多くて若者が少ない、少子高齢の社会になっている。

この図を見ていて不思議なのは、観察を始めた一九七六年当時にどうして高齢者がいなかったのか、ということだ。この三五年のあいだ、最初から群れにいた七人の女性たちが次々と子どもを産んできた。子どものなかには、死んだ者もいるし、行方不明になった者もいるし、今も残っている者もいる。これを性別で見てみると、すべての女性、つまり娘たちは群れを出て

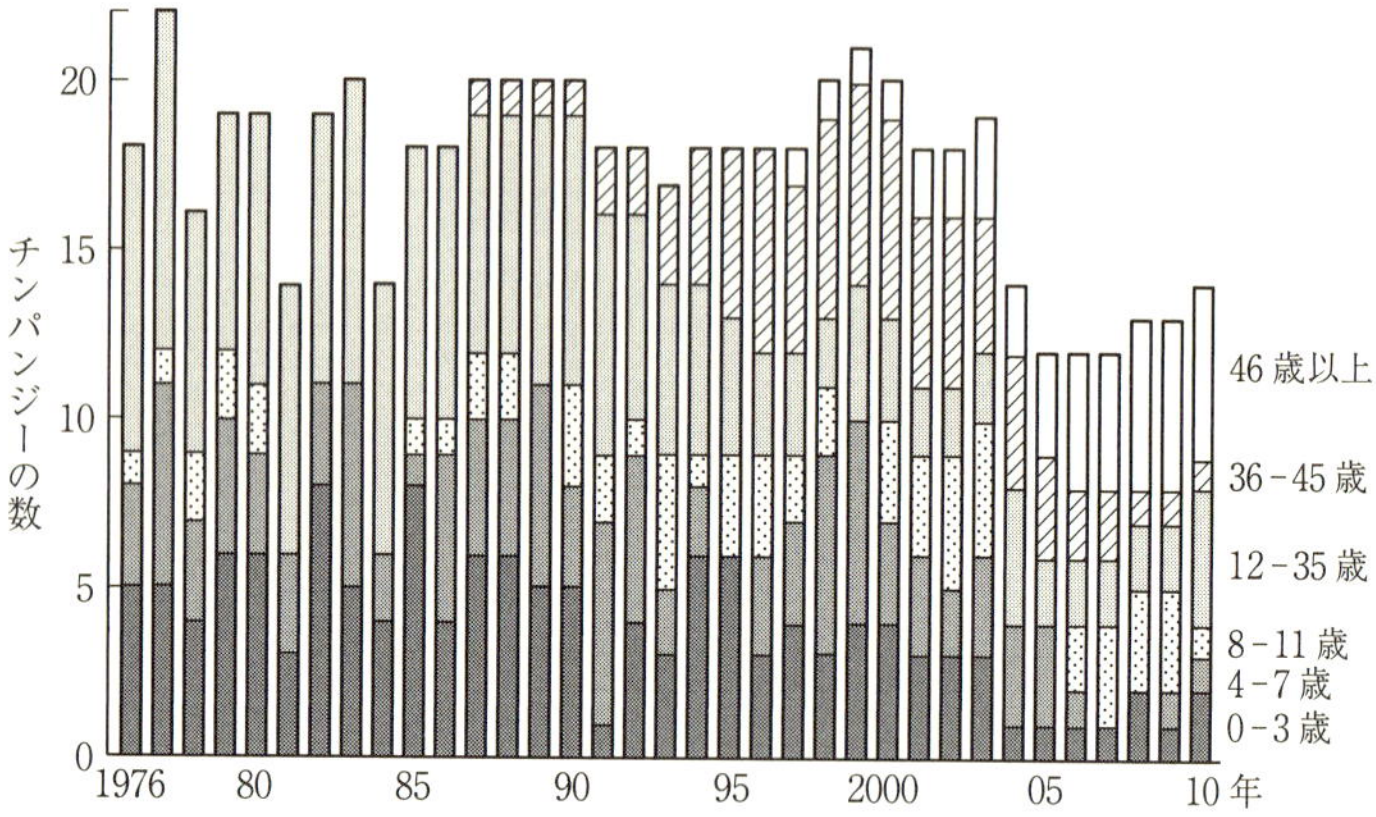

図９　ボッソウのチンパンジーの人口の移り変わり（各年１月１日現在の数）

行った。産む前に出て行くか、一人子どもを産んで出て行った。残っているのは例外なく息子たちだけだ。そういう意味で、ボッソウの群れもチンパンジーの他の群れと同じ父系社会だといえる。ただし、なぜ観察を始めたころに年寄りがいなかったのか不思議である。そこで、こう考えてみた。

二〇〇三年の呼吸器系感染症の流行のときは年寄りと子どもが減っている。だから、昔、あるとき、群れにそういった流行病のようなものがあったのかもしれない。年寄りが死に絶えて、非常に若い群れになった。そうしたことが一九七六年以前にあったのだろう。ちょうど個々の人間に寿命があるのと同じように、群れにも寿命があるはずだ。現在のボッソウの群れは、ある種そういった末期に近づいた群れの姿を見せてくれているのかもしれない。図9のようなグラフをじっと見つめていると、群れの将来が懸念されてちょっと胸苦しくなる。

男女比は、長いあいだ、だいたい一対二ぐらいで推移してきた。それは他のチンパンジー調査地と同じだ。人間もそうだが、チンパンジーも男性のほうが比較的早く死ぬ。そのため最初は一対二ぐらいだったのが、外から女性が入ってこない群れであるために、今では徐々に一対一に近づいてきている。

お祖母さんという存在

チンパンジーの寿命は長いから、生活史の全体像をつかむのに長い時間がかかる。生存率や出産率といった基礎的なデータもなかなか集まらない。ジェーン・グドールさんが調査を始めて二〇一〇年でちょうど五〇年、私自身が調査を始めてちょうど二五年たった。チンパンジーが何歳まで生きるのか、チンパンジーの女性が何歳まで子どもを産むのかが、ようやくわかってきた。アフリカにはわれわれのところを含め六ヵ所の長期調査地があり(図2参照)、そこで観察された五三四の出産例が基礎データになる。

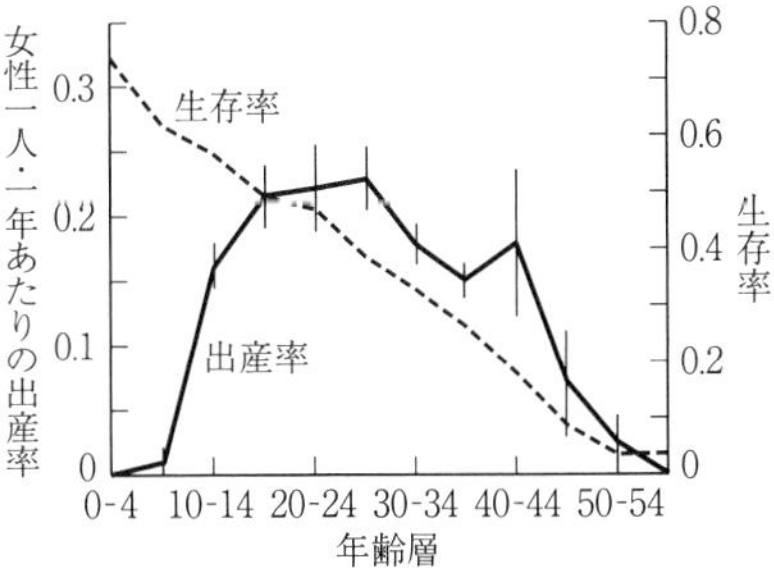

図10　野生チンパンジーの出産率と生存率
(Emery-Thompson et al. (2007) *Current Biology*, 17: 2150–2156 より)

図10の右下がりの破線は生存率である。右側の数値は、その年齢で生き残っている個体の全出生数に対する割合を表わしている。年齢とともに生存率が下がっていく。出だしの〇

図11　推定年齢53歳の女性カイ．2003年の流行病で亡くなった（撮影：大橋岳）

〜四歳のところで〇・七となっていて、四歳までに三割が死んでいることがわかる。乳幼児死亡率が非常に高い。生存率は五〇歳でほとんどゼロになっていて、このあたりの年齢が寿命ということになる。

図10の実線は出産率である。左側の数値は、一年あたり一人の女性が何人の子どもを産むかを表わす。だいたい一〇歳ぐらいで産み始めて、四〇歳ぐらいまで産みつづける。出産率のなだらかな山の高さは約〇・二である。つまり、一人の女性が平均して五年に一人産むということだ。一〇歳を過ぎたあたり、一五歳ぐらいから四四歳ぐらいまでの期間、ずっと産んでいて、五〇歳になってもまだ産んでいる。要は、チンパンジーの女性は死ぬまで産みつづける。

チンパンジーにも年寄りの女性はいる。図11は、推定年齢五三歳の女性チンパンジーのカイ。風雪にさらされたようなすごい顔をしている。でも、チンパンジーにお祖母さんはいない。お祖母さんという役割、お母さんのお母さんとして、子どもを産み終えて孫の世話をするという役割、それを担った年寄りの女性はいない。

比較のために、人間の出産率と生存率を見てみよう（図12）。クンというのはアフリカ南部のボツワナに住む採集狩猟民、アチェというのは南アメリカ中南部のパラグアイの採集狩猟民。どちらも、五〇歳から六〇歳にかけて、生存はしているけれど出産はしない、そういう年齢帯がある。だから生存率と出産率で示される女性の生活史を考えると、明らかに人間とチンパンジーは違っている。女性の生活史から「人間とは何か」を考えると、答えは、「チンパンジーにはお祖母さんがいないが、人間にはお祖母さんがいる」となる。

例外はある。ボッソウではときどき、娘が子どもを産んでもまだ外に出て行かない事例がある。そうした時期に、明らかに孫の面倒を見ているお祖母さんを見かけることがある。たとえば、ベル

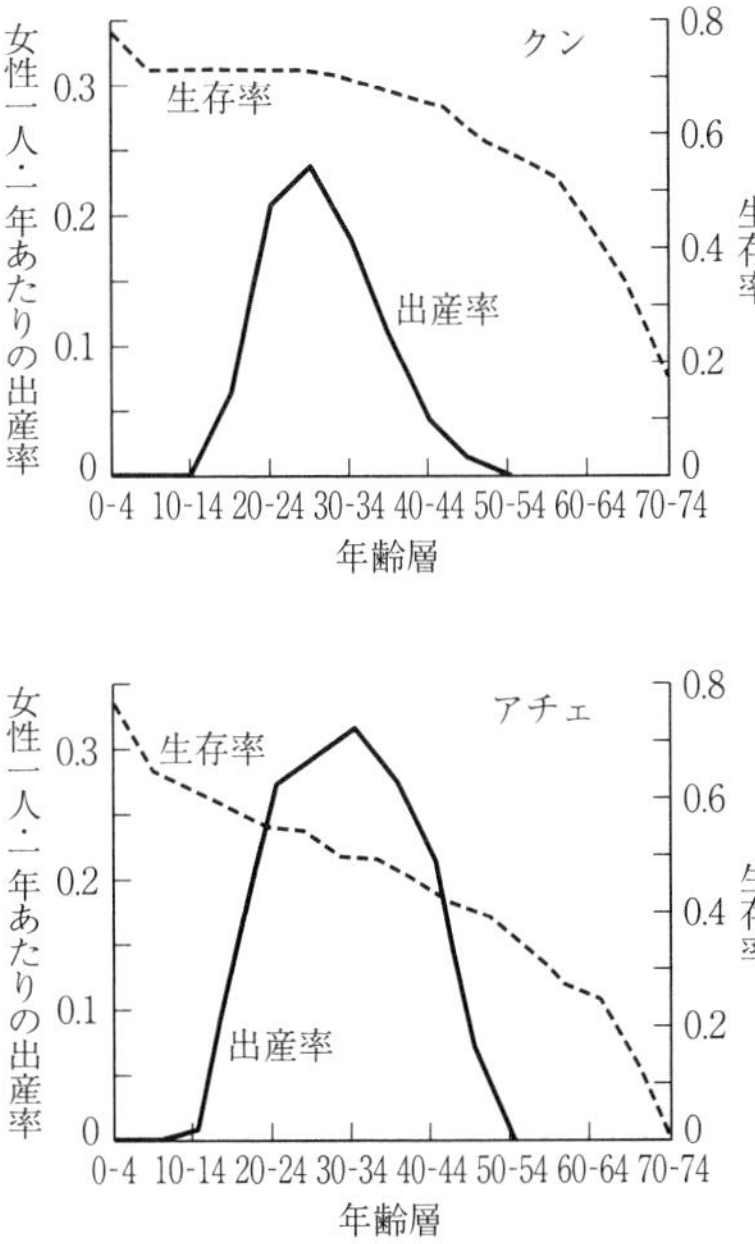

図12　採集狩猟民クンとアチェの出産率と生存率（クンのデータは Howell (1979) *Demography of the Dobe !Kung*, Academic Press より，アチェのデータは Hill & Hurtado (1996) *Ache Life History*, Aldine de Gruyter より）

が、娘のブアブアの産んだべべという子どもの世話をし、ファナが、娘のファンレの産んだフランレの世話をした。

よく見かけるのは、次のような場面だ。お母さんが、石器を使ってアブラヤシの種を割っている。そのとき、胸に抱いた子どもが邪魔になる。その子どもはときどき、お母さんから離れて、お祖母さんのところに行って遊んでいる。つまり、お祖母さんがあやしている。まとわりつく子どもがいなくなったお母さんは、サバサバした感じで種を割っていた。たしかに種を叩き割る効率は、目に見えてよくなった。

この場合は明らかに、お祖母さんの存在が助けになっている。子どもはお母さんから離れ、母親は石器を使って効率よく種割りをしている。また、お祖母さんが孫を背中に乗せて、運ぶこともある。ボッソウではお祖母さんという役割はあるといえるだろう。

けれども、全体的にいえば、チンパンジーではそういうことは非常に珍しい。なぜなら、そもそも若い女性は群れを出て行く。だから、年寄りの女性にとってみれば、自分の娘が産んだ子どもの世話をすることが、そもそもない。一方、息子の「嫁」は、よその群れから移籍してきたので親しく付き合わない。したがって、その女性が産んだ子ども、つまり孫の世話をすることはない。

子育て

チンパンジーの子育てを、生存率と出産率から要約すると、三つの特徴がある。

一つは、約五年に一度産む。だから、年子がいない。二、三歳ちがいのきょうだいもいない。人間だったらごく普通にいる歳の近いきょうだいがいないということだ。

ちなみに、民族によって違いはあるけれども、人間はだいたい一〇〇例に一例ぐらいは双子が生まれる。チンパンジーの双子は数百例に一例しかない。そして、双子の両方ともが育つというのが、なかなか難しい。

二つめの特徴は、長いあいだ授乳しているということ。チンパンジーの子どもは、生まれてから四歳頃まで、ずっと母親の乳首を吸っている。ただし、お乳で育っているという意味ではない。栄養という点では、生後の半年ぐらいからは、お乳より固形物の摂取が重要になってくる。でも吸い続けているので、ずっとお乳は出ている。

女性は授乳しているあいだは、生理が止まって、排卵しないのが通例だ。授乳が終わると、ホルモンの関係で生理周期が戻り、そこでセックスすると妊娠して出産する。妊娠から出産にいたるまでの生理的機能は、人間とチンパンジーでほぼ同じだ。人間は約三キロの体重で生まれ、チンパンジーは二キロ弱で生まれる。また、人間は妊娠してから約二八〇日で生まれ、チンパンジーは約二四〇日で生まれる。

三つめの特徴は、母親が一人で子育てするということ。チンパンジーの母親は、いってみれば「シングルワーキングマザー」。男の側、お父さんのほうから子育てへの関与はほとんどない。約五年に一度産んで、長いあいだ授乳して、一人で育て上げ、子どもが五歳になって独り立ちすると、また次の子を産む。子どもが独り立ちしてから次の子を産む、それがチンパンジーの子育てだ。

そういうことがわかると、人間の子育ての特徴が見えてくる。人間の子育てをあまりに当然のこととしてわれわれが見ているものだから意識しないのだけれど、チンパンジーと対比するとその違いに驚く。人間は、すぐに次の子を産む。母乳以外に離乳食を与えて、早めに授乳をやめる。だからすぐ次の子どもを産める。そして、シングルワーキングマザーではなくて、母親以外も子育てをする。

チンパンジーの父親は「心の杖」

ところで、チンパンジーの父親は、子育てにほとんど参加しない。けれども、ぜんぜん参加しないわけではない。チンパンジーの父親の役割は「心の杖」といえるだろう。父親がいるということが、女や子どもの心の支えになっている。

「心の杖」とはどういうことか。具体的にいえば、外敵から守ってくれるということだ。先ほどお話ししたように、チンパンジーの群れにはお母さんと「お父さんズ」がいて、お父さんが集団として複数組のお母さんと子どもたちを守っている。群れと群れとのあいだには競合があり、殺し合いにまでいたることがある。戦争といってよいものもある。そういうなかで、よその群れから守る、さらには人間という外敵から守る、ということを男性たちがしている。

だから、「はい、これどうぞ」といって食べ物を持ってきたり、給料を運んできたり、ということはないのだけれども、チンパンジーの男性たちもちゃんと子育てに参加している。女や子どもを守るという広い意味での子育てである。

男性がいたほうが安心するというのは、実際にそうなのだ。われわれ研究者は、完全に観察者としての存在を消すほどまでにはいたらない。野生チンパンジーとそこまでの関係を築くことは難しい。あいだが詰め切れていない。そのため、観察者の存在自体が、観察される側のチンパンジーの行動に影響することがある。簡単にいうと、観察されているチンパンジーたちが臆病になる。でも、その場に大人の屈強な男性がいると女も子どももすごく大胆にふるまう。

そういう意味で、大人の男性は間違いなく、子どもからいえば「お父さんズ」に当たるものだ。彼らが、心の杖になっていると思う。

共　育――共に育てる人間

チンパンジーの子育てと比べたときに見えてくる、人間の特徴とは何だろう。

人間の場合には、明らかに母親以外も子育てをする。まず伴侶である父親が子育てをする。それから、お祖母さんというものが子育てをする。お祖父さんも、お祖母さんほどではないかもしれないが少しは役に立っている。そして、おじさんとかおばさんとか、兄とか姉とか、さらにはヘルパーという形で、血のつながっていない者も手助けする。

チンパンジーの子育てが、母親一人で一人ずつ育ててあげて、次の子を育てる子育てだとすると、人間の子育ては、子どもが独り立ちする前に次々と産み、手のかかる子どもたちをみんなで育てるというものだ。

実はこのことが、人間の女性が排卵と生理の周期を隠す理由だと考えられる。チンパンジーの女性は、排卵するとお尻がピンクに腫《は》れる。周囲から見て明らかで、排卵を積極的にアピールしているといえる。人間の場合、女性が排卵しているかどうか外見からはわからない。

もし人間の女性が、排卵をチンパンジーと同じように周囲に知らせたら、男性はどうするだろうか。男性にとってみれば、排卵期にある他の女性に子どもを産ませたほうが、たくさん子孫ができる。つまり繁殖成功度が上がる。でも、それでは人間の女性は困ってしまう。

なぜって、人間の女性は、次々子どもを産んで、一人では育てられないのだから。チンパンジー流のシングルワーキングマザーであれば、別に男性の助力は必要としないけれども、次々子どもを産んでいるから、誰かが助けてくれないと一人では子育てできない。まずはパートナーが助けてくれないと子育てできない。

そこで、排卵を隠す。パートナーから助力を引き出すためだ。「いつも私を見ていてくれなければ、他人の子どもを育てることになりますよ」という、そういう状況をつくる。男性が他の女性とのあいだに子どもをつくるということをしていると、女性の側の戦略として、別の男性の子どもを身ごもるということになってしまう。

だから、生物学のことばでいうと、男性はいつもメイトガーディング（配偶者防衛）していないといけない。こうして、伴侶というものができる。チンパンジーには見られない、人間でのみ顕著な一組の男女の強い結びつきである。

霊長類のなかで、チンパンジーは（あまり正しい言い方ではないけれども）多夫多妻とか乱婚とかいわれ、特定のつがいを形成しないのに対して、人間は特定のつがいを形成するように進化してきた。なぜなら次々子どもを育てなければいけないから。

では、なぜ次々子どもを産むようになったかというと、先ほどお話しした生活史にその答えが現われている。

人間のほうがチンパンジーより大きい。チンパンジーの赤ちゃんは二キロ弱の体重で生まれるのに対して、人間は三キロで生まれる。だから、人間のほうが長い期間をかけて子育てし、チンパンジーが独り立ちするのに五年かかるとしたら、人間の子どもが自立するには少なくとも七〜八年かかる。もしも、人間が一七、八歳から八年おきに子どもを産むとしたら、一八歳、二六歳、三四歳、四二歳と産んで、五〇歳になると難しい。となると、一人の女性は一生のうちに四人しか子どもを産めないことになる。野生のチンパンジーと同じように乳幼児死亡率が三割と高ければ、出だしから二・八人になってしまう。そういう種は生き残れない。

生理的なメカニズムは変えられない。妊娠期間を短くはできない。子育てにかかる時間も短くはできない。そうすると、早く離乳して生理周期を戻し、早く妊娠して次の子どもをもつ。そのかわり、手のかかる子を複数もつ、というように進化してきたのだろう。

多くの子どもを育てるために、つがいを形成することによって伴侶をつくり、さらには寿命を延ばして生殖期後の期間を延ばすことによってお祖母さんをつくり、母親以外も子育てに参加して子どもたちをみんなで育てる。そういうように人間は進化していったのだと考えることができる。

人間の女性は、子育てという制約に由来して、一人の男性を深く愛するようにできている。人間の男性は、配偶者防衛という機制に由来して、一人の女性を深く愛するようにできている。

キリスト教の結婚式の誓いのことばは、人間の男女の結びつきの生物学的真実をことばで表現したものだともいえる。

「健やかなるときも病めるときも、富めるときも貧しいときも、楽しいときも苦しいときも、これを愛し、これを助け、これを敬い、死が二人を分かつときまで真心を尽くすことを誓いますか」という文言だ。

かんたんにいうと「愛し合いますか」ということだが、その意味としては、「共同して子どもたちを育てる覚悟はありますか」とたずねているのだ。

人間とは何か。その答えは「共育」、共に育てるということだ。共育こそが人間の子育てだし、共育こそが人間の親子関係である。また、あとで述べるように、共育こそが教育の基礎にある。共に育てる、共に育つ。それが、「人間とは何か」ということについて、生活史や親子関係から見たときの、人間の特徴だと結論づけたい。

第三章　親　子——人間は微笑み、見つめ合う

お母さんに抱っこされて機嫌のいい赤ちゃん。目と目が合って、見つめ合い、お母さんが頬をゆるめると、赤ちゃんも微笑み返す。しばらくすると、赤ちゃんがぐずりだして、お乳をあげる。お腹がいっぱいになると、また満足して、うとうとしはじめる。洗濯物をたたむあいだは、目の届くところに赤ちゃんを寝かせて、「ママ、ここにいるからね」などと声をかけながら手を動かす。

われわれになじみの、ごく普通にある親子の光景。すべてあたりまえのように思えるけれども、進化的には少なくとも五つのレベルで起源を異にする行動があって、人間の親子関係は成り立っているということを、ここではお話ししたい。

親子関係の進化

進化的な観点から親子関係を考えると、意外に思われるだろうが、「親は子どもを育てない」の

が基本といえる。親は子どもに対して、いっさい投資をしない。

魚は卵を産んだら、産みっぱなし。口の中で稚魚を養う魚がいるとか、わずかな例外はあるけれども、そういうのはちょっと置いておく。カエルも、オタマジャクシを育てたりしない。産みっぱなし。魚類や両生類は、ほとんどすべて子どもに対して投資をしない。

ところが、爬虫類の一部と鳥類と哺乳類は子育てをする。鳥は卵を温めて孵化《ふか》し、雛《ひな》に餌を与える。哺乳類は母乳を与える。そうすると、哺乳類が約五〇〇〇種、鳥類が約一万種、爬虫類が数千種類いて、その共通祖先の恐竜がいた三億年ぐらい前に、子育てというものが始まったと考えられる。恐竜が卵を温めていたらしいという説もある。

地球の歴史が四六億年、生命の歴史が三八億年ということを考えると、最近になって、親は子どもに投資を始めた。親子関係とよばれるものが進化してきたのは、比較的最近だといえる。

そのなかでも、母乳を与えるというのは、ある意味すごいことではないだろうか。自分の体液を与えるのだから。母乳を与えるのは哺乳類だけだ。だいたい六五〇〇万年前に恐竜が絶滅して、この地球上にさまざまな哺乳類が栄え、母乳を与えるという形の親子関係が広まった。

親にしがみつく子、子を抱く親

町を歩いているお母さんが子どもを抱っこしている。見慣れた光景だが、あれは哺乳類のなかでも霊長類特有の親子の姿だ。子イヌが親イヌにしがみつくことはないし、お母さんネコが子ネコを抱くということもない。
哺乳類の共通祖先は、恐竜が生きていた時代、夜行性で地上性の、小型の動物だった。今のネズミのようなものが、共通祖先だと考えられている。夜の生活なので、色覚も必要なかった。サルの仲間は昼行性で、樹上で生活し、木から木へ移るから、色覚や、奥行きを見分ける視覚が発達している。そして、手で物がつかめるようになっている。チンパンジーの足を見ると手のようだ(図13)。この足で物がつかめる。これは樹上生活への適応だ。木をつかむだけではない。その「手」があるので、子は親をつかみ、親は子をつかむ。

正確にいうと、子どもが親にしがみつくほうが早く出現した。親が子どもを抱くのは、後から出現した。原猿類では、子どもは親にしがみつくけれども、親は子どもを抱かない種がある。新世界ザルがそうだ。母親が子を抱くようになったのは、いわゆる真猿類とよばれるサルの仲間に限られる。

図13　チンパンジーの足(提供：毎日新聞社，撮影：平田明浩)

ワオキツネザル(原猿類)の親子を見ると、子どもはお母さんにしがみついているが、親は抱きしめていない。ニホンザル(真猿類)は、抱きしめるというほどではないけれども、抱いている。チンパンジー(真猿類で大型類人猿)はしっかりと抱いている(図14)。

図14　ワオキツネザル(左上)，ニホンザル(右上)，チンパンジー(下)の親子(撮影：左上は松沢哲郎，右上は廣澤麻里，下は落合知美)

互いに見つめ合う

ニホンザルの親子は見つめ合わない。ニホンザルの親子の写真を見るとわかるように、子どもはお母さんの胸にぴったりくっついていて、見つめ合えない。赤ちゃんとお母さんが少し離れないと、顔と顔が合わないのだ。人間と大型類人猿を合わせたものをホミノイドというのだが、ホミノイドだけが互いに見つめ合う。

チンパンジーは、子どもを抱くだけじゃなくて、ちょっと「高い、高い」をしたりする(図15)。わざわざ引き離して、顔と顔を合わせ、見つめ合う。

図15　チンパンジーのお母さんが「高い，高い」をする(撮影：落合知美)

仰向けに寝かせられ、もがくチンパンジーの子ども

二〇年前に、チンパンジーの子どもを人工保育したときのことだ。

チンパンジーの子どもを仰向けに寝かせると、ゆっくりと右手と左足が上がる。しばらくすると逆に、左手と右足が上がる。当時は、なぜこうしているのか意味がよくわからなかった。そのあと、オランウータンを人工保育

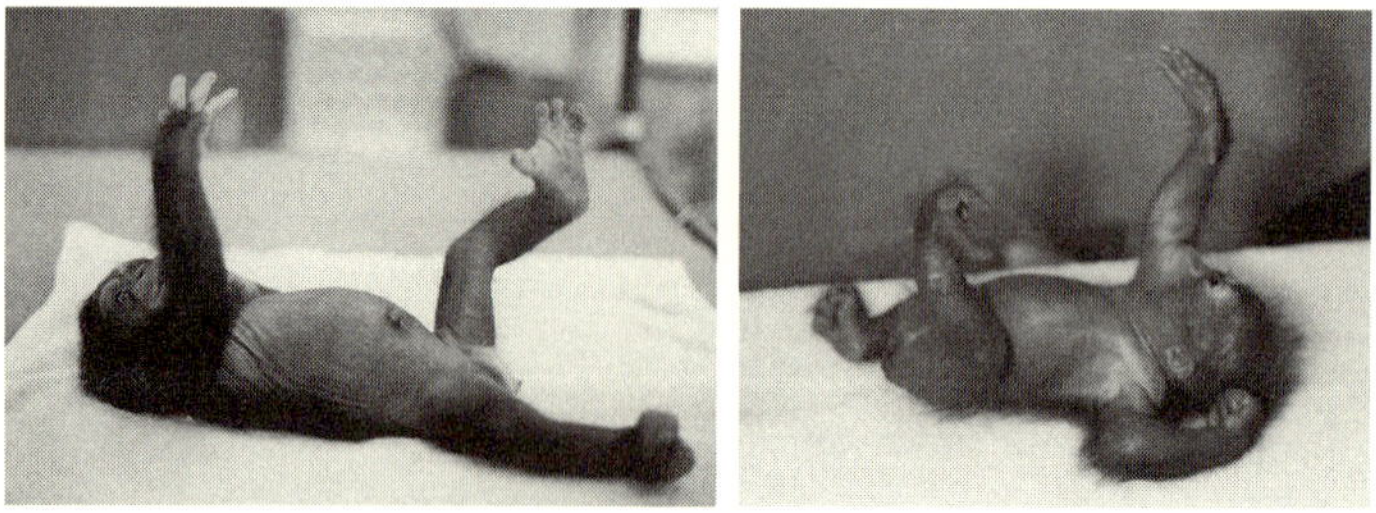

図16　仰向けにされたチンパンジーの赤ちゃん(左)，オランウータンの赤ちゃん(右)(提供：竹下秀子・松沢哲郎)

したら、驚いたことに同じだった。オランウータンの赤ちゃんも、いつも反対側の手と足を上げる(図16)。

今は、なぜこうしているのか意味がわかる。もがいているのだ。この赤ちゃんたちは、本当はお母さんにしがみついていなくてはいけない年頃。お母さんと一緒じゃなきゃいけない。赤ちゃんは、お母さんに抱きつき、握り、乳首を探して、乳首をさぐりあてたらお乳を吸うという、一連の反射をもって生まれてきている。本来しがみついていなくてはいけないのに、無理やり引き離されているから、「何かつかまるものはないか」ともがいている。

チンパンジーの赤ちゃんは生後の三ヵ月、ずっとお母さんにつかまっていて、一日二四時間ほとんど離れない。そういう時期に、無理やりお母さんから離してテストしてみると、生後二ヵ月まではもがいているだけ。何かつかまるものはないかと、もがく。そして二ヵ月ぐらいになると、もがいている状態からパタッとうつ伏せになる。つまり「寝返り」ができるようになる。寝返って、うつ伏せになったほうが、とにかくお腹に何かが接触して、しがみついている状況に近い。多少は落ち着くようだ。

これがニホンザルだと、生まれながらにして起き上がり反射をして、仰向けにしても、クルッとうつ伏せの状態になる。仰向けで安定した姿勢をとれない。

チンパンジーの赤ちゃんが四足で立てるようになるのは、だいたい四ヵ月。うつ伏せでベチャッと腹を床面につけていたのが、グッと足を突っ張って、立てるようになる。だから、その頃、お母さんから自発的に離れて独りで地面に立てるようになる。

人間の赤ちゃんがプニョプニョの理由

人間以外の霊長類の赤ちゃんを見慣れた目で見ると、人間の赤ちゃんは異様にプニョプニョしている。だいたい二〇パーセントが脂肪だ。チンパンジーの赤ちゃんは四パーセントしか脂肪がない。大人でも五～六パーセントだ。人間は、鍛え上げた運動選手でも七パーセントぐらい脂肪があるので、どんな運動選手もかなわないぐらい、チンパンジーは筋肉質だ。身軽に樹上を移動するのに、脂肪は余計なのだろう。

人間の赤ちゃんはどうして脂肪にくるまれているのだろう。考えられる理由は二つある。

一つは大きな脳をもっているから。脳は臓器のなかで、だいたい四分の一のエネルギー消費を占めるといわれている。巨大な脳を養うには、いつも食べているか、あるいは脂肪としてエネルギーを蓄えておかなければならない。

もう一つは寒さ対策だ。お母さんに抱かれているチンパンジーの赤ちゃんは温かい。だから、四パーセントの脂肪しかなくてもいい。

そもそも森の中は暖かい。熱帯の森は直射光を樹冠がさえぎるから、温まりにくく、冷めにくい。アフリカの冬の乾季の森は初夏の北軽井沢みたいなもので、最高気温二七、八度、最低気温二一、二度、すごく乾いていて、すごくさわやか。でも、いったん森を出て、村へ行くと、太陽が照りつける裸地になる。そこの最高気温は三五度、最低気温が一三度ぐらいで、二〇度を超える日較差がある。大地というのは、温まりやすく冷めやすい。

人間は森からサバンナへ出た。サバンナでいろいろなものを採食するには、二足というかたちで効率よく、かなり広い範囲を歩き回らなければいけなかった。そして、手のかかる子どもを複数抱えていて、みんなを同時に抱っこすることはできないから、下に置く。

そもそも森の中には微気候とよばれる微妙な温度の勾配がある。竹本博幸さんのボッソウでの研究によると、温まった空気は上に行くので、地上から高さ一〇メートルのところは地表に比べて気温が一度高い。だから、チンパンジーが高いところにベッドをつくって寝るのは、捕食者を警戒してという意味もあるが、朝方の冷え込みをきらって上にいるのだろう。

でも、人間は地面の上に寝なくてはならない。赤ちゃんも地面に寝かせる。そうすると、低い場所で、冷え冷えとした地面の上でみずからを温かく守るためには、脂肪にくるまれていなければいけない。

人間の赤ちゃんがプニョプニョなのは、大きな脳と、サバンナ生活への適応のためだと考えられる。

仰向けの姿勢が人間を進化させた

では、仰向けで安定しているということによって、どのような変化が生まれたのだろう。三つの大きな変化がある。

第一に、見つめ合う、微笑む、ということが飛躍的に増大した。体が離れているので、顔をのぞきこむ。目と目が合う。人間の赤ちゃんは、母親だけでなく、父親や祖父母やきょうだいやまわりの人たちから、顔をのぞきこまれるようにできている。

第二に、声でやりとりするようになった。夜泣きするのは人間だけで、チンパンジーは夜泣きしない。お母さんがすぐそばにいるから、呼ぶ必要がない。ひもじくて母乳がほしければ、自分で乳首を探して吸えばよい。人間の親子は物理的に離れているから、赤ちゃんが声を出して泣かないとお母さんが来てくれない。声に出さないと、手を振っても意味がない。お母さんのほうも「○○ちゃん待っててね」と声をかける。生まれながらにして、声でやりとりする。人間のことばの始まりは、この声でやりとりするところに由来している。

生後二ヵ月ぐらいの赤ちゃんが、「あー」とか「うー」とか長い声を出す。チンパンジーの赤ちゃんはこうした長く引き伸ばした声を出さない。人間の赤ちゃんは、「あー」や「うー」がやがて「あーうー」と二音節になる。さらに、「ばーばーばーばー」「ぶーぶーぶーぶー」と続くようになり、それが「ばーぶーばーぶー」と組み合わされるようになる。喃語《なんご》とよばれる発声だ。

喃語は、だいたい五、六ヵ月ぐらいから始まる。そこから半年ぐらいかけて、多様な音素を含む声が出るようになる。だいたい一歳ぐらいになると、人間の子は二足で立つようになるし、ことばも話しはじめる。

第三に、いちばん重要なポイントとして、仰向けだからこそ手が自由だ。仰向けで背中が体重を支えているわけだから、手は生まれながらにして自由になる。その手で母親だけでなくいろいろな物をつかむことができる。

人間は、七、八ヵ月ぐらいでハイハイする。その前は、仰向けでドテッと寝ている。でも、その姿勢のおかげで、二、三ヵ月から手で物を操っている。チンパンジーがまだお母さんにしがみついている頃から、すでに人間の赤ちゃんは物を手で操っているのだ。

チンパンジーの赤ちゃんと人間の赤ちゃんを比べてみて、はじめて気づくのだが、あんなに早くからガラガラやおしゃぶりやいろいろな物を手で握りしめ、口を介して持ちかえたりするのは、人間の子どもだけだ。チンパンジーはそんなことをしない。なんとか必死にしがみつこうとするだけであって、チンパンジーはそんなに早くから物の操作はしない。人間だけが生まれながらにして両手が自由で、早くから物を扱う。それを支えているのが仰向けの姿勢なのだ。

それではなぜ、仰向けで安定しているようになったかというと、仰向けで安定しているのが良い子だからだ。前にお話ししたように、人間とチンパンジーの生活史の違いに由来している。チンパンジーは五年に一度の割合で一人の子どもを産んでだいじに育てる。それと同じ子育て法をしたら、人間は七、八年に一度産んで、育て上げることになる。しかしそれでは十分な数の子どもを産むことはできない。そこで人間は、チンパンジーとは違う子育ての仕方をとった。次々と早く離乳させて、手のかかる子どもを同時に複数育てる。そのためには仰向けで静かに寝ていてくれる子が良い子というわけだ。

仰向けで安定している人間の赤ちゃん。赤ちゃんはすごく可愛い。人間を含めて子育てをする動物の赤ちゃんはみんな、親からの支援を引き出すように可愛い顔をしているのだけれども、人間の赤ちゃんは異様に可愛くて、異様に愛想がよい。あんなにニコニコしなくてもいいのにと思うぐらいニコニコする。それは、お母さんだけではなくて、お父さん、お祖父さん、お祖母さん、おじさん、おばさん、みんなからの助けを必要とするからだ。仰向けの姿勢で安定して、にっこりと微笑むように人間の赤ちゃんはできている。

人間とは何か。

定義は『直立二足歩行するサル』だ。でも、人間を人間たらしめた特性は何か、人間という存在、その心や行動をそうあるものにしている引き金は何かというと、それは、「親子が生まれながらにして離れていて、赤ちゃんが仰向けで安定していられる」ことだと考えるようになった。

巷でよく聞くストーリーは、直立二足歩行説だ。四足で歩いている動物がいて、それが立ち上がり、手が自由になったので、いろいろな物を扱えるようになって道具を使い始め、それが脳を増大させて、人間らしい知性が生まれた——というもので、素朴にそういうことを信じている人が多いかもしれない。

でも、チンパンジーの足を見てわかるように、霊長類は四足動物ではない。手ばかり四本あるのだ。霊長類の昔の呼び名は四手類《ししゅるい》といった。なぜなら哺乳類のなかで、手が四つあるのはサルの仲間だけだからだ。つまり、四足動物が立って、二足で立ち上がることで、はじめて手ができたのではなくて、最初から四つの手がある。

四足動物が立ち上がって二足になった、という説明は決定的にまちがっている。ニホンザルの姿を思い出してみよう。四足で歩くとき体幹は水平だが、立ち止まって休むときは二足で体幹は直立している。直立二足歩行以前に、そもそも霊長類の体幹は直立していた。木に登るときには体幹が直立している必要がある。体重を支えているのは足だ。そのとき手は自由なのである。ニホンザルの手は大豆や麦を器用につまむ。

そもそも同じ四足動物と思われがちだが、イヌが走るときは自動車でいえば前輪駆動になっている。サルが走るときは後輪駆動だ。樹上生活への適応によって霊長類は四つの手をもっている。それがニホンザルのように地上でも活動するようになると、形こそ同じだが四肢の末端部の働きが、手と足というように分化し始めた。人類が森を離れてサバンナに住みかを求めるようになって、その傾向がさらに加速したといえる。

人間は立ち上がることによって、手をつくったのではない。人間は立ち上がることによって、足をつくった。足という、物をつかめない四肢の末端をつくった。それで歩くようになったのが人間だ。

人間は、生まれながらにして親子が離れている。そういうなかで赤ちゃんは仰向けで安定していられる。その姿勢が、見つめ合う、微笑み合うという視覚的なコミュニケーションを支え、声でやりとりをするという音声聴覚的なコミュニケーションを支え、それが後には発話につながっていく。そして、生まれながらにして自由な手で物を扱い、多様な道具使用に結びつく。けっして四足の動物が二足で立ち上がって、手が自由になって物を扱うようになったのではない。人間が二足で立ち上がるのは一歳頃なのだから。

人間は一歳のときに人間になるのではなくて、生まれながらにして人間なのだ。人間は生まれながらにして、見つめ合い、微笑み合い、声でやりとりをして、自由な手で物を扱う、そういう存在として生まれてきているのだ、と私は考えている。これが学界で認められた説ということではない。まだ私が、われわれの研究グループが、ほんの一握りの人々が一生懸命言っている段階だ。しかし、「そういう考え方もあったか」ということが徐々に知られていっている。

人間の仰向けの姿勢がもつ重要性に最初に気がついたのは私ではない。共同研究者の竹下秀子さんが世界で最初に気がついた。興味をもたれたら、竹下さんの『赤ちゃんの手とまなざし――ことばを生みだす進化の道すじ』(岩波科学ライブラリー、二〇〇一年)という本を読んでいただきたい。

ここまでの話をまとめると、人間の親子関係の進化的基盤は次のようになる。

①哺乳類　　母乳を与える
②霊長類　　子が母親にしがみつく
③真猿類　　母親が子を抱く
④ホミノイド　互いに見つめ合う
⑤人間　　　親子が離れ、子が仰向けで安定していられる

こうした五つの段階を経て、「親が子どもの世話をする」という子育ての中身が、進化とともに変わっていった。哺乳類の中でも霊長類だけが子が母親にしがみつき、霊長類の中でもニホンザル・チンパンジー・ヒトといった真猿類だけが母親が子を抱き、真猿類の中でもホミノイドだけが互いに見つめ合い、ホミノイドの中でも人間だけが親子が離れて子が仰向けで安定していられる。

そこから、人間らしい他者とのかかわり、人間らしい物とのかかわりが生まれた。

第四章　社 会 性——人間は役割分担する

親子関係や周囲の人たちとの関係のなかで、赤ちゃんがどんなふうに知性を発達させていくのかを、こんどは見ていくことにしよう。ここでいう知性とは、道具を操る知性ではなくて、社会的な知性、対人関係にかかわるような知性のことだ。

私は社会的知性の発達に四段階あると考えている。それを順番にお話ししよう。

見つめ合い、新生児微笑、新生児模倣

まず、第一段階として、生まれながらにしてもっている、親子のあいだでの生得的なやりとりがある。

その一つは目と目を見つめ合うこと。この見つめ合いは、チンパンジーもする。あらためてこんなことを言うのは、人間だけだと思われていたのに、実はチンパンジーもすることがわかったから

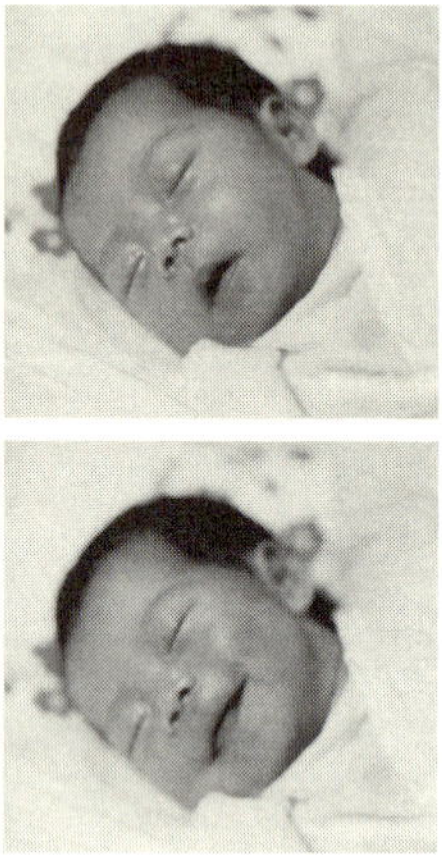

図17　人間の新生児微笑（撮影：松沢哲郎）

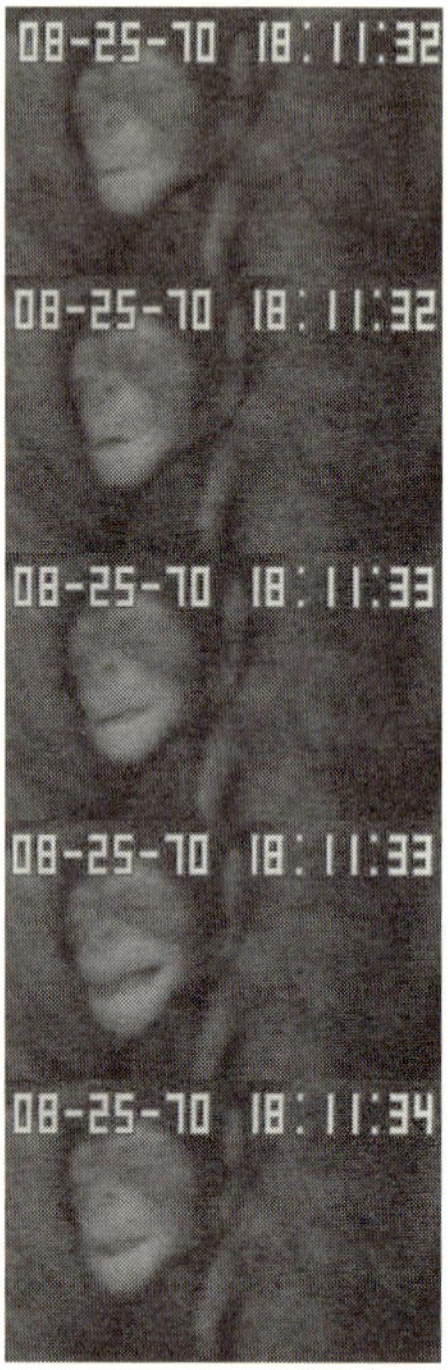

図18　チンパンジーの新生児微笑（撮影：水野友有）

だ。ニホンザルに見つめ合いはできない。赤ちゃんは胸にしがみついているので目が合わない。

生後まもない人間の赤ちゃんは、新生児微笑あるいは自発的微笑とよばれる微笑みをする。そういう話を聞いたことがあるだろうか。図17は生後一一日目の赤ちゃん。それまでなんでもない表情をしていたのが、ふとした瞬間にニッと笑う。

われわれの研究グループは、チンパンジーの赤ちゃんにも人間と同じ新生児微笑があるのを見つけた。図18の赤ちゃんは生後一六日。まどろみのなかで、チンパンジーの赤ちゃんが、ニッと笑った。ポイントは、目が閉じられているから、誰かに向けて微笑んでいるのではないということ。自発的にニッと微笑んでいる。すごく面白いことに、かなりじーっと待っていなければいけないのだけれども、じーっと待っていると、自然にニッと微笑む。あるいは、パンと音がしたときにニッと微笑む。ベッドをガタッと揺するとニッと微笑む。視覚刺激とは全然違うものに対してニッと微笑む。

それが、三ヵ月ぐらいになると、目を開いて相手を見てニッと微笑むようになる。人間に対してもニッと微笑むし、チンパンジーの仲間に対してもニッと微笑む（図19）。新生児微笑はだいたい二ヵ月までに消えてしまい、それに置き換わるようにして社会的な微笑が始まるということがチンパンジーでわかった。それは人間もまったく同じだ。水野友有さんたちとの共同研究である。

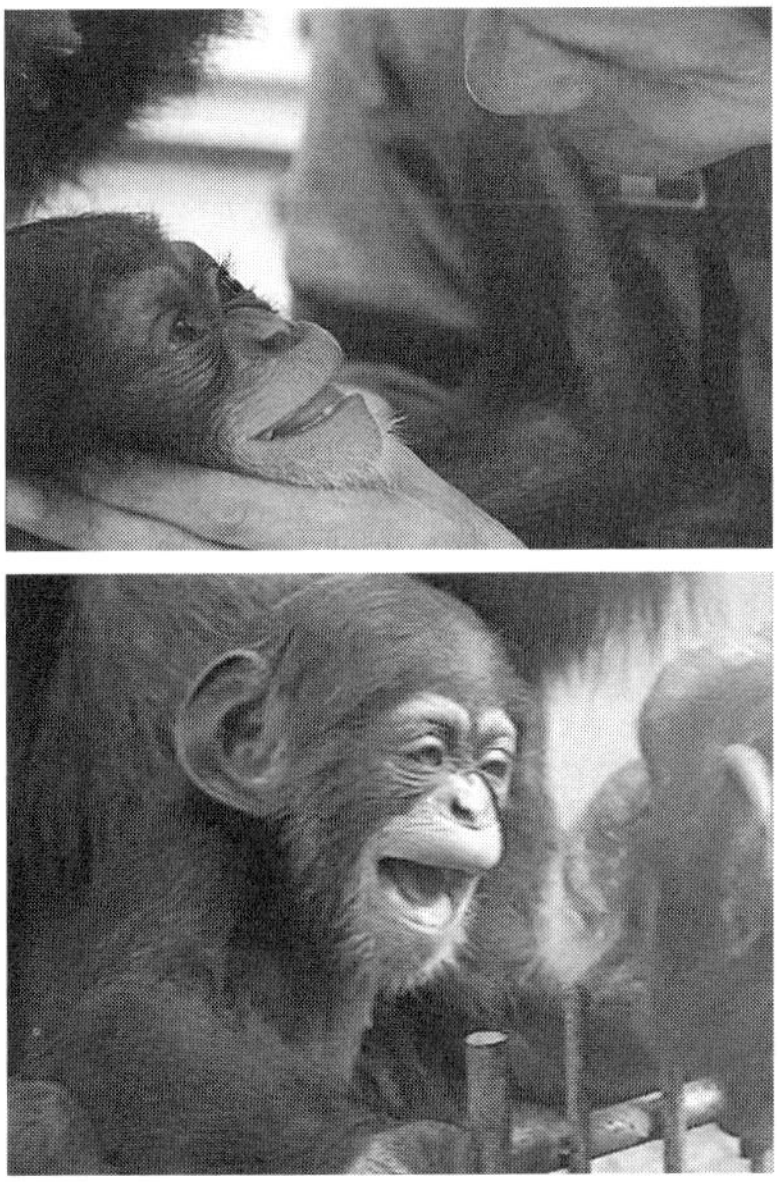

図19　社会的な微笑(アユム，上は3ヵ月，下は4ヵ月)(提供：上は中京テレビ，下はアニカ・プロダクション)

それから、人間の赤ちゃんには新生児模倣とよばれる表情模倣が知られている。これはアンドルー・メルツォフというアメリカの心理学者たちが見つけた有名な現象だ。こちらが舌を出したり、唇をすぼめると、赤ちゃんも舌を出したり、唇をすぼめたりするというものだ。それと同じ新生児模倣がチンパンジーにもあるということを見つけた。明和政子さんたちとの共同研究である。

図20 チンパンジーの新生児模倣：舌を出す(上)，口を開ける(中)，唇をすぼめる(下)(提供：明和政子)

霊長類研究所にいるチンパンジー・アイに手伝ってもらって、アイの息子アユムの表情を小さなビデオカメラで撮影した。私が舌をべーっと出すと、アユムも舌を出す。私が口を開けると、アユムも口を開ける。私がキスをするように唇をすぼめると、アユムも唇をすぼめる(図20)。

実はアカゲザルにも、よくよく見ると新生児模倣があるということが、二〇〇九年にわかった。舌を出す表情をするとサルも舌を出す。われわれの報告に触発されてイタリアの心理学者ピエル・フェラーリさんたちがおこなった研究である。またサルにも新生児微笑あるいは自発的微笑ときわめてよく似た表情のあることが友永雅己さんや川上清文さんたちの研究からわかった。ただし、人間やチンパンジーの赤ちゃんの微笑む表情はふつう左右対称だが、サルの新生児微笑は片方にひきつれた左右非対称で、持続時間も短い。そうしたちょっとした違いがある。

さらにもう一つ。赤ちゃんに顔写真を見せたときの反応がある。たとえば、正面を向いている顔と、視線がこちらを向いていない顔と、二つの顔写真を見せたときに、どちらを見るか。顔写真を目の前でゆっくり動かしたときに、どちらをよく見つめるかを調べると、正面を向いている顔のほうを好んで見て、視線が横にそれているほうは見ない。それから、顔写真をいろいろ変えると、自分のお母さんのときだけよく見るということが、一ヵ月から二ヵ月のあいだに起きる。自分の母親というものが生後一ヵ月ぐらいからわかっているようだ。

同じ行動をする

社会的知性の発達の第二段階は、同じ行動をするようになること。

チンパンジーのお母さんと子どもは群れのなかにいる。生まれてからずっと母子が一日二四時間一緒にいたのが、だいたい一歳〜一歳半頃から、お母さんではない女性が子どもを抱くようになる。そして、ちょうどその頃、子どもどうしで遊び始める。

こういう時期になると非常に目立つことがある。図21の上段の写真は連続写真ではない。アユムとクレオとパルが三人連れだって、霊長類研究所にあるタワーの上のロープを渡っているところだ。同じことをする。中段左の写真では、パルがアユムの背中に手をかけて同じ方向を見ている。中段右の写真でも同じ方向を向いている。そして同じかっこうをして歩く(下段の写真)。そこまで似なくてもいいんじゃないかと思うくらい、まったく同期する。

第一段階は、お母さんと子どものあいだで生じるような、生まれながらにしてあるやりとりだっ

図21　同じことをし，同じ方向を見る子どもたち（上と中右は提供：毎日新聞社，撮影：平田明浩；中左と下は撮影：松沢哲郎）

たけれど、第二段階では同じ行動を同期してする。そのもう一つの例が、食べるときに現われる。一緒に食べる、同じ物を食べる、同期して食べる。

さらにはそのなかで、食べ物の分配、分与というのがある。図22では、子どもがお母さんにねだって、お母さんが口づたえで渡している。チンパンジーはなかなか「はいどうぞ」とは渡さない。お母さんが食べているのを子どもが持って行くのがふつうだ。分与は非常に受動的なもので、二五年間、野生チンパンジーを見ていても、「はいどうぞ」というのは三回しかない。サトウキビを「はいどうぞ」とやっているのを二回と、イチジクを食べて「はいどうぞ」とやっているのを一回見たことはある。ないわけではないけれども、非常に少ない。

基本的には、食べているときに持って行くのを認める、というのがチンパンジーのやり方。人間の親がよくやる「はいどうぞ」とは違うけれども、同じ物を食べる、一緒に食べるということが見られる。

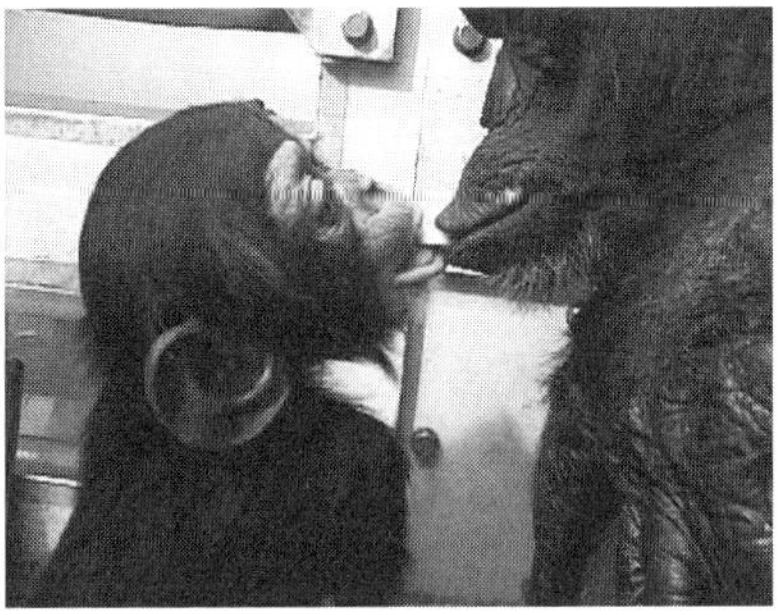

図22　口づたえで食べ物を子どもに分け与える母親(霊長類研究所提供のビデオから)

真似と見立て遊び

社会的知性の発達の第三段階は、模倣である。真似る。第二段階では、同じことが子どもにもできて、だから同じことをしている。その先の第三段階では、同じことを一緒にしているなかで、相手が違うことをしたときにその真似をする、という行動が出てくる。

図23は、霊長類研究所のクロエという当時二二歳のチンパンジーが、私の耳におもちゃの電話を当てているところ。まず、クロエの前で私が下手な芝居をした。おもちゃの電話を持って耳に当てて、あたかも誰かと話しているようにしゃべ

図23　著者の耳におもちゃの電話を当てるクロエ（霊長類研究所提供のビデオから）

ってみせた。ひとしきりしゃべったあと、「ガッチャン」と言っておもちゃの電話を床に置いた。クロエはそれを拾って、まず自分の耳に当てた。典型的な模倣である。次に、驚いたことに、その電話を私の耳に当てたのである。相手の耳に当てるというのは、模倣の一つ先を行っている。「おかしいな、自分には聞こえないけど、どうなっているんだろう」という感じ。こういう行動は野生では見られない。

野生チンパンジーで観察された模倣の例も二つ紹介しよう。どちらも、ボッソウで観察された光景だ。動物の遺体を赤ちゃんに見立てたブアブアの例と、木の枝を赤ちゃんに見立てたジャの例である。模倣であり、同時に、ある物を別の物に見立てる行動である。

ブアブアの例から紹介する。平田聡さんたちとの共同観察である。

ある日、チンパンジーの若い男性が、ハイラックス（イワダヌキともよばれる、日本でいえばタヌキのような姿をした哺乳類）を捕まえた。他の調査地の人が見ると驚くのだけれど、ボッソウのチンパンジーは肉食しない。だから、食べずに、もて遊んで、なぶり殺しにした。そのうち、死んだハイラックスを木から落としてしまった。

　すると、九歳の若い女性ブアブアがそれを拾った。肩に抱いたり、脇の下に持ったりして、それを持ち運ぶ。夕方になると、ベッドをつくって抱っこする。まるで自分の赤ちゃんみたいに、翌日も持っていた。翌日の昼ぐらいになると、だいぶ臭くなって、それでポッと捨てた。

　その若い女性ブアブアが翌年、赤ちゃんを産んだ。だから、あれはたぶん、子育てごっこをしていたのではないだろうかと思っている。一般的には一〇歳で子を産むのは非常に珍しいのだけれど、ボッソウでは他のコミュニティに比べて、早くから産み、遅くまで産む。

　その子育ての練習を見せてくれたブアブアには後日談がある。

　二〇〇三年に呼吸器系の感染症がはやったときに、おばあさん二人、赤ちゃん二人、一〇歳の若者が一人亡くなったと、第二章でお話しした。図24は、赤ちゃんの一人、二歳半の子どもが死んで、お母さんのブアブアが顔をのぞきこんでいるところ。見守っているのがお祖母さんのベル。母親は、子どもが死んで、もうお尻がピンク色に腫れ始めていたけれども、死んだ子どもの毛がだんだんなくなってミイラになるまでずっと持っていた。

　ボッソウでは、こういう例が二人の母親で合計四回も観察されている。道具や挨拶に文化的な変異があるだけではなくて、死者の扱い方にも文化的な変異があって、ボッソウのチンパンジーだけ、子どもが小さいときに死んだら、すぐには捨てずにずっと持っているということがあるのかもしれない。

次に、ジャが見せてくれた木の枝の人形ごっこを紹介する。

ジレというお母さんと、二歳半で亡くなったジョクロという女の子、そしてジョクロのお姉ちゃんで七歳のジャという親子三人組がいた。風邪をこじらせたのだろう、ジョクロが亡くなってしまった。たまたま私一人だけで調査に行った年だったが、死ぬ前の二週間と、死んだ後の四週間を観察した。

このときもやはり、お母さんは死んだ子どもがミイラになるまで持っていた(図25)。お姉ちゃんのジャは、いつも母親と妹の様子をそばで見ていた。

図24　死んだ子どもをのぞきこむ母親ブアブア，見守る祖母ベル(撮影：松沢哲郎)

図25　ミイラ化した子どもを背に載せて運ぶ母親ジレ．ジレは，ジョクロ，ジマト，ジョドアモンという3人の子どもを亡くし，みなミイラになるまで持っていた(撮影：ドラ・ビロ)

さて、死ぬまでの二週間の話である。子どもは非常に重い病気で、もうしがみつけない。するとお母さんが子どもを肩に抱いたり脇に抱えたりして持ち運ぶ。その後ろを、大きなお姉ちゃんのジャが、直径一〇センチ、長さ五〇センチほどの木の枝を持って、ずっと移動していた。ブアブアの例は、生身の動物を子どものように扱っていたのだけれども、ジャは木の枝を赤ちゃんに見立てて運んでいるように見えた。なぜそう見えたか。現地のマノン人の女の子の遊び道具として人形があり、これが同じ丸太でできていて、形もよく似ているのだ(図26)。

このようにして、野生チンパンジーが、生身の動物を赤ちゃんと見立てて遊び、また、木の枝を赤ちゃんと見立てて遊ぶのが観察された。

図26　木の人形を背にもっているマノン人の女の子(撮影：松沢哲郎)

最後に、何もないところに、何かの物を見立てるという、非常に面白い例も見つかっている。それは、霊長類研究所のアユムが二歳七ヵ月のとき、偶然、観察された。

そのとき、お母さんのアイは、積み木を「青・黄・赤」の順に積む、という勉強をしていた。アユムは四歳までテストや勉強をしなかったから、お母さんが勉強しているそばで、手持ち無沙汰に遊んでいた。アユムは積み木を、部屋の隅までずっと引きずって行って、自分で遊んでいる。そうしたらそのうち、何も持たずに「積み木を引きずっているつもり」の動作をした。

どうして「積み木を引きずっているつもり」とわかるか。床に置いてあった実物の積み木をわざわざよけている。架空の積み木をずっと引きずって行って、また引きずって帰ってくる。そのときのアユムは、口を丸く開けていて、笑い顔をしていた。

その様子があまりにおかしくて、ビデオ撮影していた大学院生の上野有理さんが笑った。すると、アユムが「笑うな！」という顔をして、近くまでやって来てアクリル板を強く叩いた。自分が笑うぶんにはいいんだけど、「なんでお前が笑うんだ、笑うな！」といったところだ。

模倣する、真似るという段階にも、細かく見ると四つの区分のあることが、ここまで紹介した野生と実験室の観察からわかる。同じもので真似る。ちょっと違うもので真似る。それに見立てて真似る。まったくないのに真似る。

あくびの伝染

第三段階の真似るということの一つの派生として、共感する、あくびが伝染する、というのを実験的に検証したことがある。ジム・アンダーソンさんたちとの共同研究である。

人間の場合、あくびをするシーンを見ると、つい、つられてあくびをしてしまう。ただし、よく見てみると、こうしてあくびをするのは大人だけだ。あまり一般に意識されないが、三歳までの子どもでいうと、実はあくびは伝染しない。もちろん子どもも眠くなってあくびをする。だからといって、小さな子は誰かのあくびを見て自分もあくびをするということはない。

「あー」というあくびのシーンを見ると、大人だと、だいたい一〇人いて三、四人は自然にあくびをする。興味深いことに、誰かのあくびの音を聞いてもあくびの話を読んでもあくびが出る。こうして、「あくび」という文字を書いていてもあくびが出る。実際にあくびを見ていなくても、聞いても読んでも書いてもあくびが出る。不思議だ。でも、それが端的に示すように、ことばが理解できない年頃では、こうしたあくびは生じないことがわかる。

さて、チンパンジーであくびが伝染するかどうかをはじめて実験した。あくびのビデオと、ただ口を開けているだけのビデオ、その二種類を用意した。テレビの前に座ってもらって、このシーンを見せた。すると、六人の大人のチンパンジーで実験して、二人に明瞭なあくびの伝染が認められた。ただ口を開けているだけのビデオのときにはあくびをしない。でも、あくびのビデオのときだけ、はっきりあくびが出た。チンパンジーでも、人間の大人とほぼ同様の割合であくびが伝染することがわかった。

自己認識

第三段階の模倣と関連することとして、自己認識というものがある。模倣が自他のあいだに起こる行動であれば、まず自他が明確に区別されていないといけない。

ここでいう自己認識とは、鏡を見て、そこに映っているのが自分だとわかること。自己鏡映像認

図27　車のミラーをのぞきこむ少女（撮影：松沢哲郎）

知とよばれるものだ。チンパンジーは、鏡に映った像が自分だとわかる。そのことの強い証拠となるエピソードを一つ紹介しよう。

　アイが鏡を見ながら、口元に手をやっていた。食べ物が何か歯茎に詰まったらしい。目は鏡を見ていて、「何が詰まったのかな」という様子で見ている。デンタルフロスを貸したら、自分で使っていた。これは明らかに、鏡に映った像が自分だとわかっているということだ。

　人間の大人はもちろん、鏡を見て、そこに映っているのが自分だとわかる。ただし、人間も、最初に鏡を見たときは、不思議に思うものだ。

　ケニアに行ったときに、ちょっと面白い経験をした。行った場所は、とても暑いところで、水がなく、牧畜民が穴を掘って、染み出てきた水をヤギに飲ませていた。

　その暮らしのなかには、鏡というものがない。鏡をはじめて見たとき、どういうことが起こるか。ある日、遊牧民の少女が、われわれの乗っていったランドクルーザーのミラーを不思議そうに見ていた。首をかしげて、のぞきこんで、ちょっと舌を出して、様子を見る（図27）。はじめて鏡を見たときのチンパンジーが、それと同じようなことをしていたのを思い出す。

模倣から他者の気持ちの理解へ

社会的知性の発達の四段階説を述べてきた。ここまでをまとめると、第一段階として、親子のあいだのやりとりがある。第二段階は、同じ行動をする。第三段階では、同じ行動をしているときに、誰かが違う行動をすると、その行動を真似るという行動が出てくる。お母さんがやっているのをじーっと見ていて真似る。そのとき真似るためにいろいろと試行錯誤する。どのように真似るかということを、具体的な事例で見てみよう。

図28　大人が石を使って種を割るのを見ている子ども(撮影：野上悦子)

図28はボッソウのチンパンジーの母親と子ども。母親はアブラヤシの種を、台石とハンマー石を使って割っている。子どもは三歳半で、まだ割れない。はじめは自分で割ろうとしていたが、どうにもうまく割れないので、そばにぐっと近づいて、母親が割るところをのぞきこんだ。そういうとき、チンパンジーの母親は寛容で、「あっちに行って」とは言わない。このあと、子どもは母親のそばを離れ、元いたところへ戻ってきて、自分でなんとかやってみようとした。台石の上に載せた種を一方の手で支えている。石を持った。叩いた！　でも、打撃面が合っていなくて、割れない。こ

れでいいのかどうかよくわからない、そんな表情をしていた。

要はこの模倣の段階で、子どもというのは、親を含めた他者の行為をなんとかコピーしようとする。自分はやっていない新しいことを誰かがしたのを見て、なんとか同じことをしようとする。その結果として、今までにはない行動のレパートリーが取り込まれる。それが模倣の効能だ。

そういう模倣をすると、子どもは今さっき他者がやっていたことと同じ行動をするわけだから、その人がやっていたのと同じ気持ち、同じ体験をすることになる。モデルとなる人がやっている行動の結果、どういう気持ちになるかということを、自分が同じことをすることによって体験する。

少しことばを変えて言うと、模倣というものを通じて、はじめて見る他者の行動レパートリーというものを取り込んで、自分の行動レパートリーを拡張する。その結果として、今まで自分は経験してなかったが、こういう行動をするとこういう気持ちになるんだ、ということを体験できる。

その次の段階すなわち第四段階で、他者の行動を見てどういう気持ちになるかがわかるようになる。なぜなら、その行動は、模倣の段階で取り込んだもので、自分が体験しているからだ。自分がまだ取り込んでいない行動のことはわからない。

模倣という能力を使って、他者がやっていることを自分でやってみると、こうすると熱いんだ、こうすると痛いんだ、こうすると悲しいんだ、こうするととても嬉しいんだ、ということを自分が体験する。自分がしていなくても、前にもその行動をしていた他者が、あるいはまた別の見知らぬ他者が、そのことをしているとき、その人の心のなかにどういう気持ちが生じているかがわかるようになる。

模倣から他者の気持ちの理解にいたる一連のストーリーを、私はこのように考えている。

手を差し伸べる

他者の気持ちを理解する第四段階の話をしよう。

生まれたばかりの赤ちゃんが大人になる過程で、どうして人の気持ちがわかるようになるのだろう。人の気持ち、他者の気持ちがわかると、どういう行動が出てくるかというと、他者を助ける、利他行動が出てくる。

たとえば、チンパンジーの二歳半の子どもが、枝と枝とのあいだが離れすぎていて渡れないとしよう。「ホホホ」と泣いていたら、お母さんが振り向いて、ふっと手を差し出して引っ張り上げる。そういった光景が観察される。ニホンザルを見ていても、自分の子どもに手を差し伸べるということはしない。チンパンジーはそれをする。

ほかにも、こんな例がある。ボッソウのチンパンジーは人と一緒の地域に住んでいるので、頻繁に人と遭遇する。人の通る道を、チンパンジーの群れが渡るのに出くわす。そのときの役割分担が興味深い(図29)。

道のわきの茂みから一人、先頭のチンパンジー男性が姿を現わした。左を見て、右を見てゆっくりと渡る。体をポリポリかいているので、少し神経質になっている様子がうかがえる。渡り終えた

図29　道を渡るチンパンジーの群れ(撮影：キムバリー・ホッキングス)

ところで、待っている。自分だけさっさと行くのではない。後ろから、ぞろぞろと、年寄りや子どもたちが渡る。背中に赤ちゃんを乗せたお母さんが渡り始める。先頭のチンパンジーは、他のチンパンジーが通り過ぎるのを見守って、ずっと道の端で待っている。このときはたまたま隊列が二分されて、後半の群れが来た。すると、また先頭は屈強な男性だった。右見て、左見て、その男性が渡ると、後ろから年寄りと子どもがそそくさと渡った。みなが渡り終えたあと、二人の大人の男性がしんがりをつとめて、茂みのなかへ入って行った。

そこでは屈強な男性たちが三つの役割をはたしている。先頭へ出てきて左右を確かめて安全だと確認する。渡り終わって自分がさっさと先に行くのではなくて、待っている。他の者、女や子どもが通り過ぎるのを見張る。最後にしんがりをつとめる。道には人がいるし、自動車が通るわけだから、危険に身をさらすことになる。けれども、自分の身を危険にさらしても、女や子どもを守るということをする。利他行動である。

こんな光景を見たこともある。見たことのない若い女性が子どもを抱いて出てきた、と最初は思った。よく見ると一〇歳の男性ジエザだった。彼が赤ちゃんを胸に抱えていた。その後ろを七歳になる女の子を背負ったお母さんが二番目に通って行った。お母さんと女の子が道を渡り切ったところで、若者は二歳半の男の子をお母さんの胸に返した。

さっきと同じく、先頭、見張り、しんがり、さらには運び役まで手伝っている。手伝ってあげなければ、お母さんが、二人の子どもをおんぶに抱っこで出て行かなくてはいけない。しかも、二歳半と七歳って、すごくきつい。重たい。実際、おんぶに抱っこで出てきたときもあるし、二人の子を背中におんぶして出てきたときもあった。けれども、このときは若い男性が助けていた。

それから、こんな例がある。チンパンジーはパパイヤが大好物なのだけれど、民家の軒先にしか生えていないので、取るのが難しい。誰でも取れるわけではない。そうすると屈強な男性が出てきて、木に登り、パパイヤを二個取る。ほとんど必ず二個取って、降りてくる。

チンパンジーはすごく口が大きくて、グレープフルーツくらいの大きさのパパイヤを、ポコッと一個口に入れて降りてくる。そして、もう一つは片手に、あわせて二個持って降りてくる。茂みに入って一個は自分で食べて、もう一個は気に入った女性に上げる。プレゼントだ。プレゼントする相手の女性は、往々にして、お尻がピンク色になる排卵の時期にある。ただし、「はいどうぞ」と渡すわけではない。女性が持ってゆくのを許す。

同じコインの裏表なのだが、「助ける」こともあれば「あざむく」こともある。次にお話しする「あざむき」の例も、チンパンジーが相手の心を読むという証拠だろう。

あざむく

ボッソウのチンパンジーをずっと観察しているうちに、思いがけない面白い発見があった。

ある日、野外実験場(第五章で説明する)にお母さんチンパンジーがやって来た。けれども、アブラヤシの種を割る石がない。適当な石はみんな、他のチンパンジーが使っている。しょうがないから、そのお母さんは、石で種割りをしている九歳の息子の毛づくろいを始めた。

しばらくすると、お母さんは毛づくろいをやめて四足ですくっと立った。これは「毛づくろいのお返しをしてください」という意味だ。そこで息子は、種割りの石を置いて、お母さんの毛づくろいを始めた。

そうしたら、なんと、そのすきにお母さんは息子の石を取っちゃった。だました、としか見えない。

このエピソードは、「あざむき」というものが、人間以外の動物でも確かにあるということのいちばん強い、すごく明確な証拠だと思う。

この場合、九歳の男の子というところが、実に微妙で重要だ。チンパンジーの九歳は、生活史から換算して一・五倍すると釣り合うので、人間でいえば一三歳半ぐらいだ。すごく難しい年頃だといえる。

これが、もっと小さい子の場合だったら、追い払えばよい。ノシノシノシと行くと、子どものほうがチョロチョロッと逃げる。逆に大人の男性が使っている場合は、待つしかない。待っていれば、いつかはやめてどこかに行く。そうしたら、その場所に行って使う。

つまり、自分が優位であれば追い散らす、自分が劣位であれば待つ。でも九歳の息子というのは微妙な年頃で、そう簡単には追い払えない。といって、待つほどのこともない。お母さんはちょっとした戦略として、「あざむく」という第三の手を使った。そう考えられる。

社会的知性発達の四段階

四段階が出そろったところで、ここまでの話をまとめよう。

①生まれながらにして、親子のあいだでやりとりするようにできている。

②一歳半頃になると同じ行動をするようになり、行動が同期する。

③行動が同期するなかで、逸脱した行動、自分がしたことのない行動があると、だいたい三歳ぐらいから真似る。明らかに新しい行動レパートリーを真似る。行動を真似ると、他者の行動の結果を自分も体験するので、その体験をもとに、他者がやっている行動を見ると、その結果どういう心の状態になっているかを理解する基盤ができる。

④模倣を基盤として、相手の心を理解することができるようになる。そこではじめて「手を差し伸べる」という利他的な行動が現われる。あるいは相手の出方がわかるので、「あざむく」というような行動もできるようになる。

サルとチンパンジーと人間とで、この四段階に含まれる、さまざまな行動が見られるかどうかを比べることができる。第一段階でいえば、目と目を見つめ合うか、新生児微笑があるか、新生児模倣があるか、といった項目について比べるのである。これまでの実験・研究結果をまとめると、サルはだいたい全部「ない」、チンパンジーはだいたい全部「ある」、人間はもちろん全部「ある」、となる。

つまり、人間が四、五歳になって他者の心を理解するまでの過程のほとんどすべてが、チンパンジーにもある。けれども一つ明確にないものがある。それが、ごっこ遊び（ロールプレイ）や、そこで見られる役割分担と互恵性だ。

八百屋さんごっこをしよう。あなたが八百屋さんで、私がお客さん。

ブランコで遊ぼう。さいしょに僕が押すから、次は君が押してね。

チンパンジーでは、こうした互恵的な役割分担をするという事実は見つかっていない。利他行動までは、チンパンジーにも色濃く認められる。誰かのために、何かをしてあげる。しかし、それが相互に交代しない。母親は子どもに利他的にふるまうが、子どもが母親のために何かをするということはまずない。せいぜい、毛づくろいのお返しをする程度だ。

家族が食卓を囲んでイチゴを食べているとしよう。母親が子どもにイチゴを食べさせる。でも、人間の子どもは、一歳をすぎる頃から、「自分で！」と言って自分で食べるようになる。それだけではない。もうすこし大きくなると、「お母さんも！」と言って、母親にイチゴを食べさせようとする。チンパンジーではけっして見られない行動だ。

人間は、進んで他者に物を与える。お互いに物を与え合う。さらに、自らの命を差し出してまで、他者に尽くす。利他性の先にある、互恵性、さらには自己犠牲。これは、人間の人間らしい知性のあり方だといえる。

第五章 道 具——認識の深さ

「心の理論」に対して、「物の理論」を考えてみる。

「心の理論」というのは、私の滞米中の師であるデイビッド・プレマックさんの造語だ。人間の知性の本質が、他者の心の理解にあると考えた。他者の心は、目の前に見える現実としてそこにあるわけではない。その人の行動を通して、推論するものだ。「こういう行動をしているのは、きっとこうした気持ちだからだろう」という推論である。他者の気持ち、思考、好み、信条、そういったものをわれわれは推論することができる。

「物の理論」は、これの対語として考えた。物は、たしかに目に見える現実としてそこにある。しかし、その物がどのように認識されているかは、すぐれて心の世界のことである。古くは、行動学の祖であるヤーコプ・フォン・ユクスキュルがその違いに気がついている。彼は、「環境」と「環境世界」を区別した。物理的な環境は同じでも、同じ部屋にいるハエが見ている世界と、イヌが見ているモノクロの世界と、私が見ているこの世界とは違う。この環境に充満している物とどう関わるかは、その動物種ごとに違うし、個体の発達の段階でも異なる。

前章では、「心の理論」の獲得にいたる、人に関わる知性の発達の四段階説を述べた。ここでは、物に関わる知性の発達を見てみよう。言い換えると、人間を特徴づける「物の理論」の獲得の過程である。

さまざまな道具

これまで何度かお話ししてきたように、ボッソウのチンパンジーは、一組の石をハンマーと台にして使ってアブラヤシの種を叩き割り、中の核を取り出して食べる。それだけではなくて、たとえば棒を使ってサファリアリを釣るということもする。

サスライアリともよばれるサファリアリには、隊列の外側にいて敵から守る兵隊アリと、中を通る働きアリとがいる。ボッソウのチンパンジーは、棒を使ってそのアリを食べる。棒の先端を地面に付けると、驚いた兵隊アリがワラワラと棒を登って行く。頃合を見はからって、チンパンジーは棒をすーっと持ち上げて、するっと舐めとる。私も食べてみたが、そうおいしいものではなかった。

それから、シダの葉っぱを使った水藻すくい(図30)。最初に見たときは、アリ釣りだと思った。でも、池でアリ釣りはできない。よく見ると、水藻をすくって食べていた。はじめての発見だ。

水藻すくいの道具は次のように作る。まず、茂みに入って、シダの葉っぱを引っこ抜く。先端を

図30　シダの葉っぱで作った釣り棒で水藻をすくう(撮影：大橋岳)

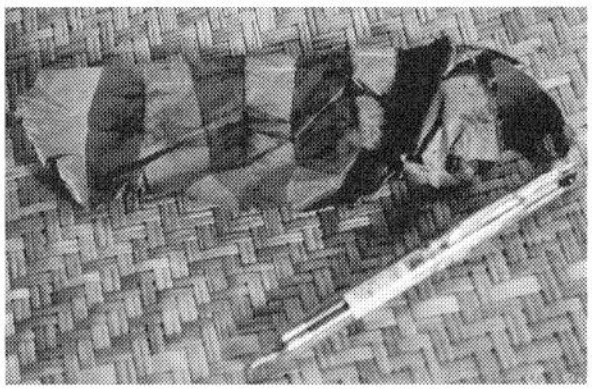

図31　蛇腹に折りたたまれた跡の見える葉っぱ(撮影：松沢哲郎)

噛みちぎって、長さを五〇センチぐらいにして、側葉(正確にいうと「小葉」)を取り払う。そうすると、葉の付いていた根元のところに節が残り、そのピケピケと尖った部分が適当な間隔で並ぶことになる。これが、水藻(アオミドロ)をすくうのにちょうどよい釣り棒になる。

それから葉っぱを使った水飲み。ヒボフリナムという植物の、幅の広い葉っぱをとくに選んで使う。この葉っぱを、まず縦半分に折り、それからこれを口に押し込む過程で舌を使って、山・谷・山・谷と蛇腹《じゃばら》のように折りたたむ(図31)。水の溜まったところに、そうやって折りたたんだ葉っぱを入れると、蛇腹の隙間に水が溜まるので、それを飲む。

野外実験によって道具使用を研究する

野生チンパンジーのこうした道具使用を研究するために私がとった手法は、「野外実験」である。自然に

実験室での研究と野外での研究の止揚

		方法	
		観察	実験
場所	生息地	観察	**野外実験**
	実験室	**参与観察**	実験

おこなわれている道具使用を、実験的に再現するというものだ。簡単にいうと、そのために野外に実験場をつくる。チンパンジーが頻繁に利用する場所を屋外実験室にした。

生息地では観察をし、実験室ではいわゆる実験をする、というのが常套的で伝統的な研究の方法だ。私の場合、観察もするし実験もする。さらに、生息地では、観察だけではなくて野外実験もする。一方、実験室では、実験するだけではなくて参与観察もする（こちらについては第六章でお話しする）。

自分の研究を一言で要約すると、「実験室での研究と野外での研究を止揚《しよう》する」となる。「止揚する」というのは、哲学の用語で、ドイツ語のアウフヘーベンを日本語にしたものだ。総合とか統合に近いが、合わせてもう一段高いものにする、という意味だ。違った二つのアプローチを重ね合わせることによって、もう一つ上の理解をめざす。

平たいことばでいうと、チンパンジーの何かを分解して理解するのではなくて、異なる手法を重ね合わせてチンパンジーの丸ごと全体を理解する。丸ごと全体を理解するわけだから、研究の場所としては、アフリカの野生の生息地にも行くし、日本の実験室でも研究する。さらに、場所（生息地・実験室）と方法（観察・実験）について、2×2の四つのアプローチを総合的に使うことによって、チンパンジーの、あるいはチンパンジーの心の、丸ごと全体を描きだすことを意図した研究をしている。

さて、道具使用の野外実験についていえば、二つの利点があげられる。まず、群れのあとをただついて見ている限りでは、道具使用を見る機会は少ない。しかし実験的に再現すると、何十倍もの頻度で見ることができる。そしてもう一つの利点は、たとえば、与える石の数を変えるとか、割る種の種類を変えるという、実験的な操作が可能になることだ。

葉っぱを使った水飲みのことを先ほど紹介した。野外実験を始める前、追いかけて観察しているだけのときには、この葉っぱの水飲みは、一〇年間の合計一〇ヵ月を超える観察期間で、わずか三回しか見られなかった。石器使用を調べるのと同じ野外実験場で、水飲みの実験もするようになると、毎日同じ場所で、水飲みが見られるようになった。ヒボフリナムの葉っぱだけを水飲みに使うということも、野外実験場で観察するようになって、はじめてわかったことだ。

葉っぱの水飲みを調べるために、野外実験場に生えている木に、現地のガイドの許可を得て、人工的に穴を開けた。そのときガイドに言われたことばが印象的だ。「手にちょっとした傷がついても治るように、大きな木に穴を開けても、ちゃんと修復されて自然のうろになる」。「木の種類によるが」という説明には「なるほどなあ」と感心した。

そうしてできたうろの下のほうは、ちょうど一五リットルぐらいの水が入る水がめになっている。あらかじめなみなみと水を注いでおく。そこにチンパンジーがやって来て、水を飲む。帰った後に水をひたひたになるまで注ぎ足す。そうすると飲んだ量がわかる。ちょっとした工夫だが、飲水量を正確に測る方法を考案した。

野外実験をすることによって画期的な研究ができる。石器使用と葉っぱの水飲みという、二つの違った道具使用が、同じ場所で同じ時期に、定点観測できる。定点観測によってわかった道具使用の発達については、すぐ後でお話しする。

ボッソウでは、チンパンジーの遊動域の真ん中に野外実験場をつくった。チンパンジーが来る場所から一五〜二〇メートル離れたところに草のフェンスをつくり、その後ろ側に人間がいて、ビデオやカメラを用意して、やって来たチンパンジーの様子をうかがう(図32)。平均して一日に二、三回の頻度でチンパンジーの小集団(パーティ)がやって来る。

図32　草のフェンスの手前から野外実験場に来るチンパンジーを観察する(撮影:松沢哲郎)

利き手

野外実験によっていろいろなことがわかったが、そうしてわかったことの一つに、利き手がある。人間以外の動物でははじめて、道具を使うときに利き手が一〇〇パーセント決まっているということがわかった。伏見貴夫さん、杉山幸丸さんたちとの共同研究である。

人間は、だいたい一〇人のうち九人が右利きだけれども、チンパンジーの場合は、三人のうち二人が右利きで一人が左利きとわかった。

ボッソウのチンパンジーたちの石器使用を、野外実験というパラダイムで二〇年以上にわたって記録している。中村徳子さん、ドラ・ビロさん、クラウディア・ソウザさん、林美里さん、スザーナ・カルバーリョさんと、すでに五代にわたる共同研究者たちが引き継いできた。彼女らと積み重ねてきた記録を読み解くと、非常に興味深いことが見つかってきた。

たとえば、母子のペアで、右利きか左利きかを調べると、四つすべての組み合わせがあった。つまり、遺伝していない。人間の場合には弱い遺伝がある。

非常に面白いことに、利き手は兄弟姉妹間で一致する。同じお母さんに育てられた子どもでは利き手が一致する、ということがいえる。同じお母さんに育てられているという環境で決まるのではないかと解釈しているが、真実はわからない。

野外実験による石器使用の発達の研究から見えてきた「物の理論」について、さらに詳しく見てみよう。

道具使用の発達

道具使用の獲得には、発達過程がある。

まず道具によって、それを使えるようになる時期が違う。葉っぱを使った水飲みは二歳前から始まるのに対して、石器を使えるようになるのは四～五歳から。石器は三歳までは使えない。

この事実をどう考えたらいいだろうか。

葉っぱの水飲みの場合、道具（葉っぱ）と対象（水）を一対一で結びつける。

一方の石器使用の場合、ハンマー石と台石の二つがセットになった石器を使って種を割る。種を台石に載せて、その種をハンマー石で叩かないと割れない。ハンマー石と台石と種という三つのものを結びつける必要がある。

野外実験で発達過程を見ると、種を石に載せたはいいけれど、そこまでで、種を手で叩いてしまう、足で踏んづけてしまうという行動が出てくる。あるいは、石を持っても、種は地面の上にあって石に載せないまま石を叩いている。三つのものを有機的に結びつけないといけないのに、それができない。

そういう意味で、同じ道具使用といっても階層性がある。石器使用のほうが一段深い。種をまず石に載せるという定位、葉っぱを水に持って行くという定位が同じレベルにある。葉っぱの水飲みはそこまでで道具使用が成立するけれども、石器の場合、そうして定位したものに、さらに別のものを定位しなくては道具使用が成立しない。つまり、道具使用に二つのレベルがあるというように解釈している。

この階層性については、次の「行為の文法」を考えることで、より明確な分析ができるようになる。

行為の文法

人間のことばに文法があるのと同様に、行為にも文法がある。そう考えてみようという大胆な提案である。

たとえば石器を使って種を叩き割って中の核を取り出す動作を考えてみよう。この一連の動作は、構成要素となる複数の動作が規則的に並んではじめて意味をもつ。言語を記述する文法があるなら、言語に限らず一連の動作を記述する行為の文法が構想できるはずだ。ノーム・チョムスキーの生成文法にならって、行為を記述する文法を考えてみた。

文法というと、まず言語の文法が思い浮かぶ。人間の言語を研究するには、大きく分けて四つの視点がある。極端にかんたんに説明すると、一つめは音韻論で、どういう音を使うか。二つめは意味論で、ある音韻がどういう意味を担っているか。三つめは統語論で、語というものをどういう順番で組み合わせて文をつくるか。四つめは語用論で、実際の使われ方のことをさす。

音韻論、意味論、統語論、語用論とあるなかで、ここでいう文法とは統語論にほぼ相当するといえるだろう。語をどのように組み合わせて文をつくるか。それを行為に当てはめて考えてみよう。たとえば、石器使用が、その一連の動作を記述する平叙文に対応していると考える。誰が、何を、どこへ、どうする。そういう一連の行為をまず文で表現してみよう。

チンパンジーが左手で種を取って、台石の上に載せて、その種を右手に持ったハンマー石で叩き割り、割れた中身の核を左手で取り出して食べる。それが終わると、左手で割れカスを掃き払う。そして次の種を左手で取って、また台石に載せて右手のハンマー石で叩く。

このように、大人がやっている種割りの一連の行為の配列は、平叙文として記述できる。行為というものは複数の文に置き換えられる、というのが基本的な前提になる。

文を文法的に考えると、そこには四つの要素がある。エイジェント、アクション、オブジェクト、ロケーションの四つだ。

エイジェントというのは行為者、誰がしたか。アクションというのは行為、何をするか。オブジェクトというのは対象物、行為の対象は何か。ロケーションというのは場所、対象物をどこへ定位するのか。これを一般的な文法用語でいうと、エイジェントは主語、アクションは動詞、オブジェクトは直接目的語、ロケーションは間接目的語となる。英文法でいうS・V・DO・IOだ。

こういう記述形式を使えば、ある行為を見たときに、それを行為の文法に従って表現することができる。行為を文で記述すると、文の統語的な構造と同じように、行為にも構造が描ける。この構造の分析には、チョムスキーが考えた樹状構造分析という方法を使う、というのが着想の根幹だ。

「行為の文法」ということを誰が考えついたかというのは微妙な問題だ。文献的証拠にもとづいていえば、カリフォルニア大学ロスアンジェルス校のパトリシア・グリーンフィールドさんが、「行為の文法」と言い出した、たぶん最初の人だと思われる。私もほぼ同時期に同じことを考えたのだけれども、文献的に誰が先かとなると、グリーンフィールドさんが先だろう。

行為の文法を最初に見つけたのが誰か、という議論はあまり重要ではない。私自身は、この行為の文法というアイデアをもう一歩進めて、エイジェントやアクションはとりあえず忘れようと考えた。「つまんだ」のか「叩いた」のか、というアクション、あるいは、誰が、というエイジェントはとりあえず忘れて、その行為に関わる物と物との関係だけを表現する。つまり、オブジェクトとロケーションという、物の世界で記述できる「物と物との関係」にだけ焦点をあてた。

社会的知性においては、人と人との関係が解析される。まさに「心の理論」がそうだが、心と心とのあいだの関係が問われた。その結果、〈他者の心を理解する〈私の心〉〉こそが、人間の社会的知性を特徴づけていると表現できる。

同様に、物理的知性においては、物と物との関係が解析される。まさに「物の理論」である。物と物とのあいだの関係が問われた。複数の物のあいだにどのような関係が成り立っているのか。そういう視点から、道具使用というものの本質を明確に記述できるのではないかと考えた。

チンパンジーの行為はものすごく多様だ。数十もの道具使用のパターンがある。石器使用もするし、ヤシの杵つきもするし、水藻すくいもするし、アリ釣りもするし、シロアリ釣りもするし、葉っぱでお尻を拭いたりもする。いろいろなことをするのだけれども、物と物とのあいだの関係だけに注目すると、基本的には非常にシンプルな構造が見える。チンパンジーの道具使用は一見すると多様に見えるが、要は、道具で対象物を何かする、ということだ。

「棒でアリを釣る」という道具使用を例にとろう。棒がそこに転がっていて、アリが歩いている、

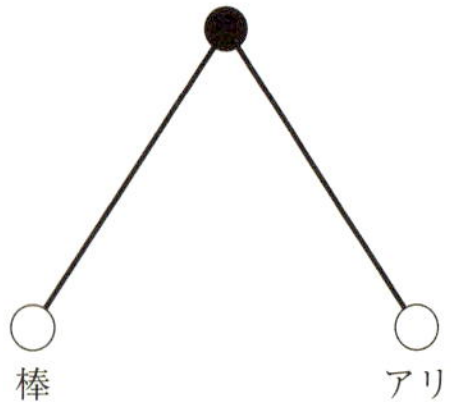

図33「棒でアリを釣る」の構造：レベル1道具

というだけであれば、棒とアリのあいだにはなんの関係もない。でも、チンパンジーという行為者が、その棒をどういうふうに使っているかというと、棒をアリに定位しているのだ。風でもなく、他の動物でもなく、そのチンパンジーが、アリのところに棒を持って行っている。チンパンジーが主体的にそのことをするから、道具使用だとわれわれが認識することになる。

そのときの行為者がどんな動作をするのか、右手なのか、左手なのか、というようなことはいっさい忘れて、物と物とのあいだの関係だけに注目して樹状構造を描いてみよう（図33）。そうすると、棒とアリという本来は結びつかない二つの物が、一つの結節点（ノード）で表わされる「関係」をもって関連づけられる。これが道具使用の本質だ。「棒でアリを釣る」は関係が一個だけなので、こういう道具を「レベル1道具」と名づける。

このようにして構造を描くと、チンパンジーの道具使用は、ほとんどがレベル1道具となる。チンパンジー以外にも、ラッコが貝を石に叩きつけて割るとか、カラスやワシやマングースやサルなど、いろいろな動物の道具使用が知られているが、基本的に全部レベル1道具だ。

正確には、レベル1道具の手前に、レベル1に満たない道具というものもある。道具として使うオブジェクトをどう定義するかによるのだが、ふつうは遊離物を、オブジェクト＝物、と考える。動かせない地面のようなものは物とは言わない。「基層」と言う（わかりやすい日本語ではないけれども)。

基層を使う道具使用というのは広く知られていて、ワシが卵をくわえて高く飛んで岩の上にポトーンと落とす、といった例がそれにあたる。この場合、岩が基層だ。草地に落としたら割れないけれど、岩の上へ落とすとパカッと割れる。あるいは、カラスが道路にクルミを置いて、車に轢《ひ》かせて割るというのもそうだ。

これが道具使用かどうかは、すぐれて定義による。ワシが岩盤を道具に使ったと言えなくはない。岩盤は基層だから、遊離物を使った道具使用ではない。でも、ワシが卵を持って、それを落として、その卵が岩盤に当たって割れて、中身が食べられるわけだから、行為の文法で十分記述できる。そして、卵と岩盤というオブジェクトとロケーションのあいだに関係が成り立っている。カラスの場合も、車が轢いたということを横へ置いておいて、「カラスがクルミを自動車の通るわだちの上に置いた」ということを記述すると、レベル1道具となる。

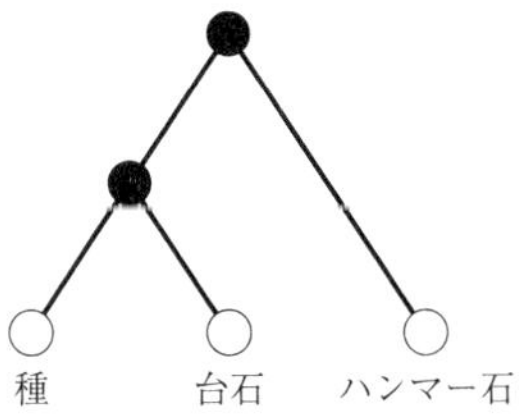

図34 「台石とハンマー石で種を割る」の構造：レベル2道具

このように考えると、実は石器使用だけが、「レベル2道具」だということがわかる。まず種を台石に置かなければいけない。そしてその種をハンマー石で叩かなければいけない（図34）。三つの物があって、それらを正しく関係づけてはじめて石器使用が成功する。

まだうまく種を割れない子どもは、ハンマー石で台石を叩いたり、ハンマー石を口にくわえたり、手に持ってみたり、種を台石に載せ

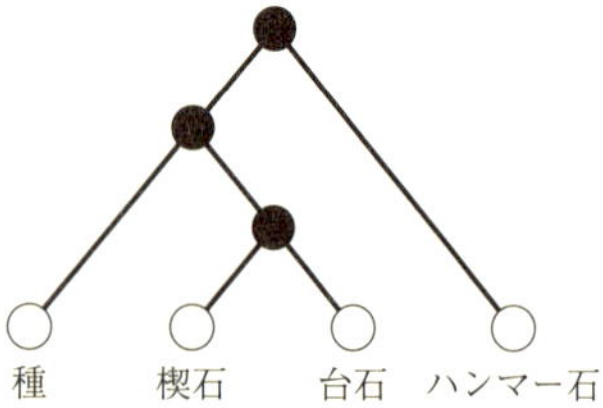

図35　楔石のある石器使用：レベル3道具

てみても落っことしてしまったり、といったことを延々やっている。それは全部レベル0かレベル1の段階だ。

野生チンパンジーの道具使用をずっと見ていると、非常に稀ではあるけれども、「レベル3道具」というものが石器使用の場合に出てくる。それは、台石の下に楔石《くさびいし》があるケースだ。

台石の上面が傾いていると、ラグビーボールのような形の種がコロコロ転がり落ちてしまう。うまく載らない。その台石の下に楔石があると、台が安定して、上面がしっかり水平に保たれる。チンパンジーではそうした第三の石を使う事例が見つかっている。

ただし正確にいうと、チンパンジーは楔石の上に台石を載せる。人間だと台石を持って、楔石を入れるけれども、チンパンジーの場合には台石をいろいろ動かしているうちに、適当な楔石に載ってしまう、というのが実態だ。

しかし、とにかく安定した台石が楔石によって作られる。その台石の上に種を載せて、その種をハンマー石で叩くということをする（図35）。だいたい六歳半ぐらいにならないと、チンパンジーではそういう行動は出てこない。

ここで、チンパンジーが楔石を、実際に台石を水平に保つための楔として認識しているかどうか、という点についてはかなり微妙だ。かりに楔石のほうを先に手に持って、それを台石の下に置き、もう一方の手で台石を持って操作したのであれば、明らかに意図が感じられる。ところが実際には、台石がどうもうまくないとなると、チンパンジーはいろいろなことをする。

台石を上下さかさまにしてみる。さかさまにするとちょうどよくなる場合もある。

台石を水平面で左右に回転させてみる。すると地面が必ずしも平らではないから、地面のほんのわずかな傾きに合えば、台石を左右に回転させることによって上面が平らになることがある。

力の強い大人の男性に限られる方法では、傾いた台石を片足で持って水平にする、という力業の解決法もある。片足で台石を支えておいて、自由な両手で種とハンマー石を操作する。

そういう、いろいろなことをするなかで、適当に石の上に載せてみるということがある。だから、ものすごくでたらめにやっているなあと見えるときもあるし、比較的すんなり小石の上に載せるので、おぉっと、驚くときもある。だから、楔石として認識しているかはどうかは微妙というほかない。

ただし、種が転がるのは石が水平でないからだ、ということは理解しているようだ。最初、石を取って持ってきて、まだ割り始める前に、あらかじめ台石を回転させている。そういうことができるということは、台石の傾きと種の転がりの因果関係を認識していることを顕著に物語っている。やってみて、種がコロコロ落ちたから台石を回転させるのではない。最初に台石を回転させて、ちょうどいいものにしている。そうした事前調整をするのは大人に限られるけれども、因果の理解にもとづいて、準備的な、将来を予測した形で道具をあつらえることをしている。

ポイントは、こうした種と楔石と台石とハンマー石という四つの物のあいだの関係だ。自然界で物がそこにあるだけでは、ただ三個の石と一個の種が地面にあるというだけだ。チンパンジーという主体がそれらを有機的に組み合わせることによって、はじめて道具として機能することになる。

そのとき、物と物とを関係づける文法的な規則がある。たんに三個の石を寄せ集めたわけではない。ある石が楔石となって台石の下に位置し、その台石の上に種が載り、その種をハンマー石で叩いてはじめて種が割れて、中の核を取り出すことができる。だから、その行為のなかには三つのノードがある。楔石と台石を組み合わせて、台石の上面を水平にする。その台石の上に種を載せる。載っているその種をハンマー石で叩く。そういう三つの階層になっている。

以上が行為の文法である。利点は明瞭だ。道具使用の複雑さを、物と物との関係だけに着目することで、レベル1、レベル2、レベル3と記述できる。さらに、レベル1道具は二歳前に獲得され、レベル2道具は四~五歳で獲得され、レベル3道具は六歳半にならないと見られない、というように発達的な段階と道具のレベルが符合している。行為の文法のノードの深さと認知的なレベルの対応がある。つまり、道具使用を行為の文法で説明することの妥当性は、実際の発達段階のデータから補強されている。

道具使用とシンボル使用の同型性

さらに、そういった道具使用とシンボル使用には同型性、すなわち同じ形があるということを指摘しよう。道具使用にレベルがあるのと同じように、シンボル使用にもレベルがある。

こうしたことを私が主張する背景には、チンパンジーやゴリラやオランウータンが、手話サインやプラスチック・チップや図形文字でことばを覚えたと主張する人たちがいるということがある。でも、彼らが習得したという言語の統語的な構造を分析すると、明確な制約がかかっていることを指摘できる。

どういう制約かというと、基本的にはほとんど全部がレベル1だということだ。彼らの使うことばは、「リンゴ」、あるいは「赤」、あるいは「開けて」といったもので、すべて、ある手話サインと物・事象が一対一に対応している。いわば「単語」に相当するものだ。しかも、たくさん覚えたといっても、せいぜい数百でしかない。数千も覚えたと主張する研究者は一人もいない。

類人猿の言語習得の研究は、一九六九年に『サイエンス』誌に掲載されたベアトリス&アレン・ガードナー夫妻の「ワシューというチンパンジーが手話を覚えた」という論文から始まった。そして、アン&デイビッド・プレマック夫妻のプラスチック・チップを使った研究、あるいはスー&ドゥエーン・ランバウ夫妻の図形文字を使った研究が続いた。そのすべてにわたって言えることは、数百の単語・サインを覚えたということは確かだとしても、その単語・サインは基本的には物・事象と一対一対応しているということだ。

それから、サインを使った一回のやりとりのなかで、平均していくつのサインが使われたか（平均発語長）を算出すると、二を超えないことがわかった。平均発語長はすべて二に満たない。つまり、「開けて」のサインをして、開けておしまい。「リンゴ」、それでおしまい。そういう一つのサインだけでやりとりが終わることが多い。「リンゴ、リンゴ、リンゴ、リンゴ」というのもあるけれど、それはただ反復しているだけだ。そういうものを除けば、平均発語長は二未満になる。

言語行動については、行動主義心理学者のB・F・スキナーの用語で、マンドとタクトという区別がなされることがある。マンドとは、demand《デマンド》(要求する)、command《コマンド》(命令する)というようなことばから連想されるように、何かを要求する言語行動を意味する。他方、タクトというのは、記述をする言語行動をいう。

ゴリラの手話の例でいうと、絵本を見ながら鳥の絵が出てきたときに、耳を指す、「聞く」というサインをする。別に「聞いて」と言っているわけでもなくて、目の前の鳥を見て、その声を連想したと思われる。そういう例がタクトである。

大型類人猿の手話研究の結果から、必ずしも物を要求するだけじゃなくて、事象を記述するという、「言語的な行動」がたくさん出てくることは知られている。そういう例が巷に繰り返し流布されると、類人猿が言語を習得した、という評判がたってしまう。しかし私自身は、そういう風潮からつねに一定の、というより大きく距離を取ってきた。

私の立場からいうと、マンドだろうがタクトだろうが、大型類人猿が習得した言語はほとんどすべて、レベル1シンボル使用だ、となる。たとえば、「鉛筆」という図形文字でも手話サインでも、行為の文法で読み解くと、現実の鉛筆が目の前にあるときに、ある文字を選んだ(あるいはサインをした)という、それだけのことだ(図36)。

道具使用の場合、いちばん複雑なのはレベル3だった。今のところ野生チンパンジーでは、これ以上複雑なものはない。楔石を台石の下に置いて、その台石の上に種を載せ、その種をハンマー石で叩く。これがいちばん複雑な道具使用だ。では、いちばん複雑なシンボル使用は何かというと、自分自身の研究でいえば、五本の赤い鉛筆を見せられたアイが、数字の「5」、色の図形文字の「赤」、そして物を表わす図形文字の「鉛筆」をキーボードのなかから選ぶ、そのことが同じレベル3に相当すると考えられる。色と物と数を表わすシンボル群を組み合わせて、現実の対象としての「五本の赤い鉛筆」を記述している。これをシンボル使用の樹状構造として表わすと、図37のように、レベル3となる。

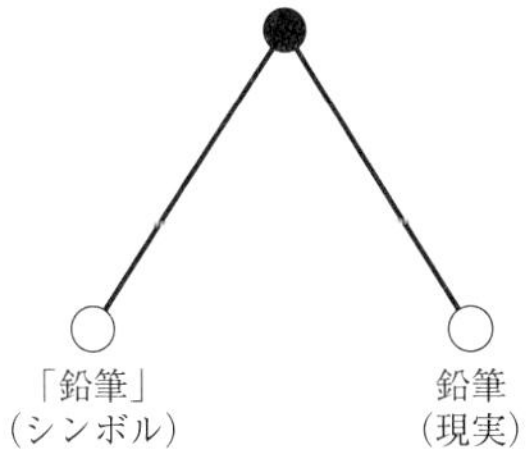

図36　レベル1シンボル使用

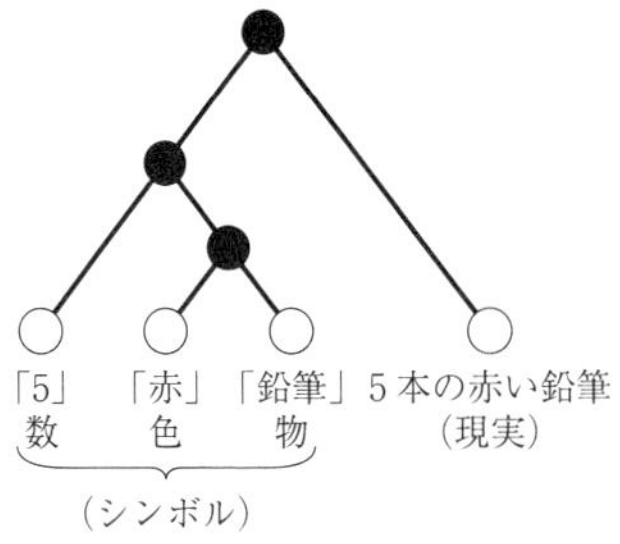

図37　レベル3シンボル使用

その場合に、順序性は必ずしも明確ではない。楔石と台石の関係において順序が明確でないのと同じように、色と物の順序が決まっていない。アイの場合には、「赤」「鉛筆」という順番に選ぶときもあれば、「鉛筆」「赤」という順番に選ぶこともある。ただし、数は必ず最後にくる。自発的に統語的な規則をつくっている。

「赤」「鉛筆」「5」も「鉛筆」「赤」「5」もあるが、これは統語的な規則がないわけではなくて、文法的には名詞句に相当する表現のなかに、「色あるいは物を先に答えて数を最後に答える」という形の統語的な規則があるのだ。

なぜこういう規則をもつようになったかは、アイの過去の経験からだけでは説明できない。学習の順序は、「物、色、数」という順番だった。だから、「物、色、数」という順番で固定されているのなら、学習の順序だけで決まると言える。逆に、最近学習したものほどよく覚えているのであれば、「数、色、物」という順番になるはずだ。ところが実際には、色か物のどちらかが先に来て、数は最後になる。

経験でないとすると、どんな説明が可能だろう。おそらく、物なのか色なのか数なのかという属性に分けたときに、認識しやすいものと認識しにくいものがあるのではないか。この場合でいうと、アイはちょうど6まで覚えたところで、「数は正確に認識して正解しないといけない」というふうに形づくられた経験のなかにいた。鉛筆もわかるし、赤もわかるけれど、数は「えーとなんだっけなあ、これはたぶん5だよな」という認識のプロセスがあって、それが語順(キーを選ぶ順番)に反映されているのではないか、そういうふうに解釈した。

ところで、今のアイの記述に出てきたのは、色と物と数の三つだった。しかし、アイが他の属性を認識して使うことができないということではない。鉛筆という物が、丸いのか、尖っているのか。細長い物なのか、短い物なのか。硬い物なのか柔らかい物なのか。紙と関係する物なのか、布と関係する物なのか。鉛筆という物のいろいろな属性を、アイは日常生活のなかから知りうるし、その個々の属性について取り出してくることができると思う。なぜなら、レベル1のシンボル使用ができるはずだからだ。

認識できる属性の種類についても、おそらく限定はないだろう。実験的に確かめていないので、断言はできないけれども。たとえば鉛筆について、われわれが考えられる属性、哲学的な用語で内包とよばれるものには、尖っているとか、字が書けるとか、細長いとか、芯が黒いとか、「鉛筆は何々である」というものは無限にたくさんある。そういうものを一つ一つ学んでいくということは可能だと思う。

それぞれ、鉛筆というある対象物と、それが「尖っている」という形容詞に相当する事象、あるいは「字が書ける」という機能に関する事象との関係と考えればよい。レベル説を拡張して考えてみよう。物と物を関連させるノードではなく、事象と事象を関連させるノード、さらには物と事象を関連させるノードという形が考えられる。すべてがレベル1となる。そうした拡張はたぶん妥当だろう。チンパンジーもこうしたシンボルの習得はできるはずだ。

行為の文法にもとづく認知機能のレベル説。そうしたものが構想できる。道具使用における物と物との関係で成り立つノードの深さがそのままシンボル使用に拡張できる、さらにはどのような属性の認識も等価である、そう仮定してみよう。その仮説から予測すると、チンパンジーはレベル1のシンボル使用はできる。レベル2も、レベル3も可能だろう。ただし、それらの属性を全部、四つ以上組み合わせた形で鉛筆という物を記述する、シンボルの連鎖としてそれを表現する、ということはないだろう。

当該の鉛筆についてだけ、もっとノードの深い記述が可能ということはあるかもしれない。けれども、それを言語だと言い張るためには、あらゆるものについて、そういうレベルでの表現が可能でなければいけない。なぜなら文法というのは、その要素となる個々の物とか色とか数に制約されない、基本的には無限に多様な表現が成り立つ構造のことなのだから。

チンパンジーには、構造的にレベル3を超えるシンボル使用、道具使用はないと私は考えている。そのレベルとは突き詰めていうと何だろう。行為の文法にもとづく認知機能のレベル説が問題にしているのは、「関係」だと言える。物と物を関連づける関係がある。事象と事象を関連づける関係がある。物と事象を関連づける関係がある。そして、関係が三つを超えるようなものは、チンパンジーの認知世界にはない、という主張だ。

要は、道具使用を行為の文法として考えると、階層構造があって、その階層構造の複雑さをノードの深さで表現できる、ということを指摘した。その行為の文法を使って、類人猿の言語と称しているものを読み解くと、そこにも同じ階層性があり、ノードの深さで記述できる統語構造がある。そして、そのノードの深さで測れるレベルが一致している。道具使用の階層性もシンボル使用の階層性もノードの深さ、すなわちレベルで表わせる。チンパンジーにはレベル3までの階層構造をもった認知機能が認められるが、人間であればレベル4、レベル5、レベル6と、どんどん複雑な階層性をもちうる。そこにチンパンジーと人間の認知世界の基本的な違いがある、というのが私の主張である。

再帰的な構造をもつ認識

実は、レベルといっても、これまでお話ししてきたレベルとは違うレベルが一つだけある。それは、自己埋め込み的な構造のレベルだ。別の言い方をすると、再帰的な構造というものがある。その具体的な例は、「ことばに関することば」である。言語を記述する言語。たとえば、形容詞とか名詞などの品詞がある。これらは、ことばを形容していることば、ことばについて記述していることばだ。

チンパンジーやゴリラがたくさんことばを覚えたといっても、彼らの語彙の中に、明らかにないことばがいくつかある。その一つが再帰性をもったことばなのだ。彼らが「形容詞」ということばを覚えた、と主張するような研究はない。

ことばに関することば、コミュニケーションに関するコミュニケーション、道具をつくる道具、そういうものはチンパンジーにはない。これら再帰的な関係にある、一段深いレベルのことを「メタ」という接頭辞で表現する。メタ言語といえば、言語に関する言語。メタコミュニケーションといえば、コミュニケーションに関するコミュニケーションのことだ。こういう視点でいうと、大型類人猿の言語習得や道具使用においては、階層性でノードの数に限りがあるだけではなくて、再帰的な認識もない。

再帰的な認識、言い換えるとメタレベルの認識は、人間に固有だ。

そのことが、「他者の心を理解する」という社会的認知発達の話につながってくる。心というものを理解する心がチンパンジーにはない。少なくとも、あるという明確な証拠がない。再帰的な階層構造をもった認識がない。メタを冠するレベルの認識がない。

メタレベルの認識が「ない」ことを証明するのは原理的に不可能だ。もしかしたら、あるかもしれない。しかしそれをどうやって証明したらいいのか、今のところわからない。人間の場合にはメタレベルの認識を表わす言語行動があるから、たしかに「ある」と言える。

他者の心を理解する心

メタレベルの認識を調べる実験の一つに、「誤信念課題」がある。次のようなシーンを被験者に見せる。いろいろな例があるが、平田聡さんの創案した「ピクニック編」である。

男の子と女の子がいます。

女の子はピクニックに行こうと思って、ジュースをかごに入れて部屋に入ってきました。ジュースを冷やして持って行きたいと思ったので、冷蔵庫にジュースを入れて、かごを横へ置いて、その部屋を出ました。

次に、男の子がその部屋へやって来て、お腹がすいてたんでしょうね、冷蔵庫を開けたら、そのジュースが冷えている。「あ、このジュースおいしそうだな」と思って、ジュースを飲もうと思ったのだけれど、「あ、コップがないや」と思って部屋を出ました。

女の子がまた入ってきました。「あ、ジュースが十分冷えているな」「さあピクニックに行こう」ということで、ジュースをかごに移しました。そこで、服を着替えるために、またいったん部屋を出ました。

男の子がコップを持って帰ってきました。男の子はどっちへ行くでしょう。冷蔵庫へ行くかな？　かごのほうへ行くかな？

このようなシーンを見せてから、「男の子はどっちへ行くでしょう？」と聞くと、三歳までの人間の子は「かごのほうへ行く」と答える。「どうして？」と聞くと、「だって、ジュースはかごの中にある」と言う。三歳までの子は、自分が見たものがすべて。ジュースは女の子がかごに移した、ジュースはかごの中にある、というわけだ。でも、四～五歳の子どもになると、「コップを持った男の子は冷蔵庫へ行く」と答える。「だって、ジュースはそこにあったと、その男の子は思っているから」。

この課題では、回答が非常にきれいに三歳までと、四～五歳からとに分かれる。自分が見ているものとは違う認識世界に他者がいるということがはっきり示されるのは、四～五歳になってからだ。

他者の心を理解する心というのは、先ほどのことばでいえば、自己埋め込み的な、再帰的な構造だ。心に関する心、認識に関する認識。それは非常に難しい。

このようなメタレベルの認識は、チンパンジーにとっては難しい。三歳までの人間の子どもにとっても難しい(ただし、人間の三歳とチンパンジーが同じだという意味ではない)。

この課題で「どっちへ行くでしょう」というのは言語を使って聞いている。それがチンパンジーにはできない。なんとかして誤信念課題をチンパンジーにもテストできる形に移そうと、いろいろな人がいろいろな試みをしていて、すでに論文になった研究もあるが、今のところ決定的なものはない。

一例反証による科学研究

話が少し横道にそれるけれども、「ある」と言うためには一例反証でいい。「ある」という証拠を一個でも見つければ証明できる。そもそも、アイ・プロジェクト(次章でお話しする)という研究プロジェクトの長いあいだの論理構造を検証すると、いずれも一例反証になっている。

アイ・プロジェクトの最初の論文は、一九八五年に学術雑誌『ネイチャー』に載った。そのタイトルが「**一人の**チンパンジーによる数の使用」(Use of numbers by **a** chimpanzee)。チンパンジーがみんな数の能力をもっているとは言っていない。「一人のチンパンジーがアラビア数字を使って数を表現しました」というレポートだ。科学はそれで十分だ。なぜなら、一例反証というのが科学的真実として認められるからだ。

一九八五年以前は、人間以外の動物が数字を使って数の概念を表現できるとは誰も思っていなかった。人間以外すべての動物はできない、というのが常識だった。そのときに、人間以外の動物に、たとえたった一例だけだとしても、それができるということを証明した。すると、それは科学的真実でありうる。「すべての」動物ではない、ということがわかったのだから。

私の研究は、「人間が、いろいろな認知的な領域のなかで、すべてにわたって他の動物を凌駕している」という常識に対する反証として、一例反証の論理で、「アイというチンパンジーには、これができる、あれができる、それができる」ということを示すことを、延々とやってきたのだといえる。

これがラットやマウスを使った実験であれば、「ない」とかなり確実に言える証拠を出すことができるのだけれども、チンパンジーのように個体数が限られている研究で、「これができない」あるいは「ない」ということを証明するのは非常に難しい。

だから、「ある」ということを証明する。ところが「ある」ということを示すために、たとえば、メタレベルの認知を、現実の具体的な課題に移すところがすごく難しい。それを考えついたら、ほとんどその研究はできたに等しい。それぐらいに難しい。どういう具体的な課題を与えて事実を引き出すか。ずっとそれを考えながら、チンパンジーと向き合ってきた。

チンパンジーの心を研究するのに、なぜアフリカまで行くか。現実の具体的な課題に移して、実験室で証明するヒントが、彼らの自然の暮らしのなかにあるからだ。何をもって一例反証とするかの手がかりを求めて、野生チンパンジーの日々の暮らしを観察している。

霊長類考古学

第一章の図1(人類の系統図)をもういちど見てほしい。チンパンジー属(パン属)にはチンパンジー四種とボノボがいて、それらと人間には約五〇〇万年前に共通祖先がいる。われわれは、チンパンジーとボノボを対象にした比較認知科学的な研究を行っている。

では、道具使用の比較認知科学的研究には、どういう意義があるのだろうか。実際に、比較認知科学が、人間の心の歴史を読み解くうえで役に立つという実例を示そう。

まず分類の話から始める。アウストラロピテクス属とホモ属をどこで分けているかというと、形態と思いがちだが、そうではない。

人類の定義は「直立二足歩行するサル」で、アウストラロピテクス属もホモ属も、一応、直立二足歩行している。後頭孔という、神経が出ていく脳の頭蓋底にある穴の位置によって、その種が直立していたか、四足になっていたかがわかる。そういう意味でいえば、アウストラロピテクス属はまぎれもなく人類なのだ。

脳の大きさは、一般にホモ属のほうがアウストラロピテクス属より大きくなった。しかし、ホモ・エレクタスの一種だとも考えられるホモ・フロレシエンシスでは逆に小さくなっているから、脳の大きさで分けているわけでもない。

実は、石器製作技術と同期して出現した人類をホモ属とよんでいる。ホモ属の化石と一緒に石器が出てくる。ホモ属とは、石器を作っていた人たちだ。しかし、石器は出てくるけれども、どう使っていたかはわからない。

ところが、アフリカ中のチンパンジーのなかで、われわれが見ているギニアのチンパンジーだけが石器を使用する。だったら、彼らにホモ属の石器を使ってもらうと面白いんじゃないかということを、二〇〇八年に考えついた。「霊長類考古学」という新しい学問だ。研究のパートナーは、当時ケンブリッジ大学の大学院生だったスザーナ・カルバーリョさんである。

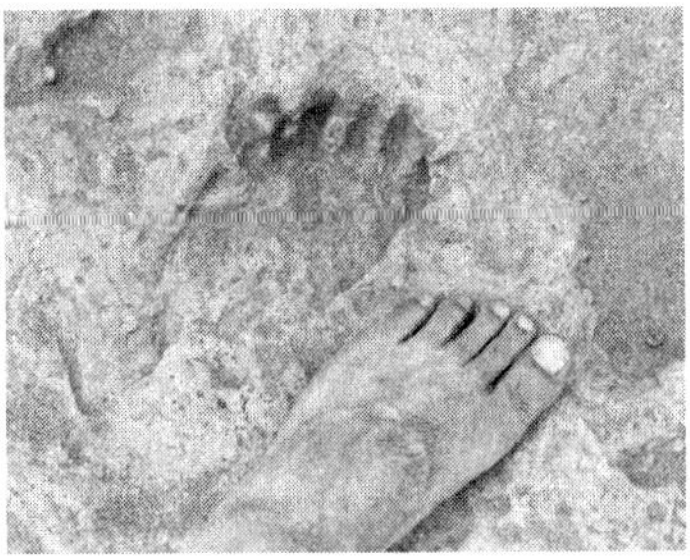
図38　ケニアのコービ・フォラで発掘された200万年前の人類の足跡と著者の足の比較(撮影：松沢哲郎)

まず、彼女と一緒に東アフリカのケニアに行った。人類化石の発掘調査地として大変有名なコービ・フォラを訪ねた。ケニアのトゥルカナ湖の東側の岸にあり、ホモ・ハビリスという化石人類が出土した場所だ。めちゃくちゃ暑くて、日中の気温が五〇度ぐらいある。
そこへ行くと、化石人類学者たちが、ちょうど足跡化石を発掘していた。ホモ・ハビリスか、アウストラロピテクスの一種なのかよくわからないそうだが、二〇〇万年前の地層から人類の足跡が出てきた(図38)。生の足は私の足。だいたい同じくらいの大きさだ。

化石人類学者たちは、光の反射を測定する装置で、その装置から水平面までの距離を測っていた。その深さを色で表示すると、足の形がくっきりと浮かび上がる。まず、足裏の長さは現生人類とほとんど一緒だった。そこから、たぶん身長も同じぐらいだったということがわかる。それから、土ふまずがちゃんと見える。足底にアーチがあったということから、直立歩行をつねにおこなっていたということがわかる。

図 39　ケニアからボッソウに持ってきた石(撮影：松沢哲郎)

さて、アメリカのラトガーズ大学のジャック・ハリスさんという、この化石人類学者のチームとの共同研究で、われわれはケニアの石をギニアに持ってきた(図39)。すなわち、ホモ・ハビリス(ラテン語で「道具を作る人」の意味)が使っていたであろう道具の素材となる石をボッソウに持ってきたのだ。そして、チンパンジーに与えてみた。チンパンジーはためらうことなくその石を使った。
従来の考古学というのは、過去の遺跡を調べる学問だった。新しい学問としての「霊長類考古学」は、今その道具がどう使われているかを調べる。また、従来の考古学は、人間の遺跡の調査だった。けれども、霊長類考古学は、人間だけではなく、それ以外の霊長類の遺跡を調べる。そうした学問として、霊長類考古学という学問が成り立つことを宣言した。
実際にどんな利点があるかというと、どのように石が使われるかを、チンパンジーで検証することができる。ホモ・ハビリスがどのように石器を使ったかは再現できない。しかしチンパンジーなら、その石をどのように使うか再現できる。再現された行動から、「ほぉ、こういう使い方もあったか」というような発見もあるだろう。具体例を示そう。

ケニアから持ってきた石をボッソウのチンパンジーに与える実験をやっているときに、面白いことがあった。一〇歳の男の子ジェジェが、その石を使ってアブラヤシの硬い種を割っていた。たまたま、ハンマー石がケニア産の硬い玄武岩で、台石がボッソウ産の軟らかいラテライトという石だった。

図40　割れた石をのぞきこむ(上)，呆然と立ちすくむ(下)(撮影：松沢哲郎)

ヤシの種割りを続けていたら、台石の真ん中にひびが入った。さらにガツンと叩いたら台石がまっぷたつに割れちゃった。男の子は割れたところをのぞきこんで、「割れちゃった。どうしたんだろう。あれ？」という感じで、呆然と立ちすくんでいた(図40)。

それ以前にも、強打することによって台石が割れたのを観察したことがある。私が調査したある一年のあいだに、七回割れた。興味深いことに、二つにパカンと割れた半分の石が、次のときにハンマーとして使われていた。

台石が割れた後、割れたまま放置しておいたら、それがハンマーとして使われた。チンパンジーが去ってから、いったん全部の石の置き場所を変えたこともある。それでもやはり、割れた石がハンマーとして使われたのを見た。ただし、これは必ずしも、台石を割ったチンパンジー本人が、自分が割った石を後でハンマーとして使ったということではない。

こうして割れた石を再使用することは、定義に従えば、石器の製作ということになる。石で叩くことによって石を変形させて、その石を別の用途に使ったのだから、石器の製作だと言い張れなくもない。石で石を叩いたら割れた、ということの含意を掘り下げてみよう。

アウストラロピテクス属とホモ属の大きな違いは、石器を製作していたか、石器製作の痕跡があるかないか、その違いだと言った。では、ホモ属はどうして石器を作ったのだろうか。どういうプロセスで石器を作るようになったのだろうか。

アウストラロピテクス・アファレンシスとチンパンジーの脳は、だいたい同じ容量で四〇〇ミリリットルぐらい、ホモ・ハビリスは八〇〇ミリリットルぐらいだ。今までの教科書風に言えば、脳の容量が倍になるという「飛躍的な増大」があった、だから石器が作られた、となる。

でも、それは説明になっていないと思う。「脳が二倍になったら、どうして石器を作るようになったのですか」と聞きたい。今まで、誰もあまりそういうことを疑問に思わなかった。

しかし、新しい学問である霊長類考古学は、そうした問いに答えられる。ハビリス人が使っていたであろう石をチンパンジーに与えることで、石の使われ方がわかるからだ。人類は、どのようにして石器を作るようになったか?

「それは偶然の発見なのです」というのがわれわれの答えだ。

ヤシの種が重要な食物だった。石で硬い種を叩いていた。台石が偶然割れた。偶然割れて、呆然と立ちつくして見ていた。しばらく見ていて、「あ、これハンマーに手ごろだな」というのでハンマー石として使った。これが石器製作への第一歩だった。

もしも、この呆然と立ちつくした子がつぎつぎと石を割るようになったら、チンパンジーが石器製作というものを見つけたことになる。そういう場面は今のところ観察されていない。チンパンジーの知性がそこまでないのか。チンパンジーの知性が石器製作に行く過程をまだわれわれが見られないのか。そのどちらかということだろう。

第六章　教育と学習——人間は教え、認める

ここまでは主に野生チンパンジーの話をしてきた。ここからは日本の京都大学霊長類研究所でおこなっている、飼育下のチンパンジーの話をしよう。「アイ・プロジェクト」という、人間とチンパンジーの認知機能を比較する研究プロジェクトの話だ。プロジェクトの名称は、プロローグで出会いを紹介した、研究のパートナーである女性チンパンジーの名前に由来している。

類人猿の言語習得研究

チンパンジーの認知機能を調べる研究としては、類人猿の言語習得研究がすでにあった。言語習得研究の前段階として、二〇世紀の初めに、ヴォルフガング・ケーラーの『類人猿の知恵試験』という古典的な本が出ている。一本の棒では届かない所にあるバナナを、二本の棒をつなぎ合わせて長い棒にして取る。バナナが天井からぶら下がっていて、箱をその下まで押して行って、

箱に乗って棒を使って取る。ケーラーはそういう研究をおこなった。

ケーラーによる研究の土台の上に、一九六〇～八〇年代にかけて、チンパンジーにことばを教えるという研究がおこなわれた。具体的な最初の成功例は、手話を教えた研究だった。それ以前に、声に出して教えることを試みた人もいたが、うまくいかず、手話を教えたら、けっこう覚えた。

ポイントは双方向性にある。チンパンジーが「開けて」というサインをすると、人間がドアを開ける。人間が「開けて」というサインをすると、チンパンジーが鞄のふたを開ける。

「うちのイヌはすごく賢くて、人間のことばがわかります。ボールを投げて『取ってこい』と言うと、取ってきます」という話をよく聞く。しかし、イヌが人間に「ボールを取ってこい」とは言わない。つまり、双方向ではない。

チンパンジーの手話研究の画期的なところは、チンパンジーと人間が、手話という一つのメディアで双方向のやりとりをしたことだ。

手話でのやりとりがチンパンジーでできたので、ゴリラでもして、オランウータンでもした。それから、プラスチックのチップを手話サインの代わりにする、といった研究が続いた。

アイ・プロジェクトは、そういう類人猿言語習得研究のいちばん最後だった。アイはコンピュータを介して、図形の文字を覚えた、あるいは漢字やアラビア数字を覚えた、そういうチンパンジーとして世界的に知られるようになった。

類人猿の言語習得研究を霊長類研究所で始めようと思ったのは、私ではない。一九七六年の年末に、私は二六歳で助手として霊長類研究所に着任した。何をどう研究すればよいのか、まだよくわからなかった。私の先生である室伏靖子先生が、日本でも類人猿の言語習得研究をするべきだと考え、一九七七年にチンパンジーを導入した。それがたまたまアイという当時一歳のチンパンジーだった。

哲学的な問いを科学する

私自身がチンパンジー研究にいたる道筋を、まずかんたんに紹介しよう。

私は、一九六九年の大学入学だ。大学紛争で東大入試のなかった年である。もともと哲学を志望していた。京都大学に行くことになり、ためらわずに哲学科に行った。京都大学は哲学の殿堂だ。『善の研究』の西田幾多郎とか、田辺元とか田中美知太郎とか、哲学の系譜がある。でも、大学紛争の時代で講義がない。しかたないので山岳部に入って、山登りをしていた。山登りをしていると、学問する気がなくなった。年間一二〇日、ずっと山登りをしていた。

正確にいうと、文学部に入学してすぐに哲学科に入るわけではない。まず文学部に入って、三年生になるときに哲学か史学か文学かに分かれる。最初から哲学に行こうと思っていたので、哲学科の哲学、「純哲」というのを希望していた。

哲学科の主任教授は、岩波新書で『デカルト』を書いた野田又夫先生だった。プラトンとかソクラテスの藤沢令夫先生、ヘーゲルとかハイデッガーの辻村公一先生、スコラ哲学の山田晶先生、といった先生たちがおられた。

その野田先生が、「哲学科に来る諸君は三回生になる前に、ドイツ語とフランス語とギリシャ語とラテン語を習得する」と分属会議でおっしゃった。たしかに、原書で読まなければいけないわけだから、ギリシャ語もラテン語も、ドイツ語もフランス語もできなければいけない。

しかし私は言語学者になりたいわけではない。哲学の原書を読みたいわけでもない。山登りをしている人間にとってみると、書物というのは、何が書かれていようが、白い紙の上の黒いパターンでしかない。白い紙の上の黒いしみを一生読む。それが自分にはどうしても耐えられなかった。書物を読むだけの生活をしたくない。年に一二〇日間、山に登っていた。自然のなかで暮らす、そういう生活をしたい。

書物は読みたくないが、哲学的な問いとしての、「見る」とか、「わかる」とか、「知る」というのがどういうことなのかを知りたい。そうすると、大学ではじめて出会った心理学という学問が面白かった。

ちょうどその頃、ランダム・ドット・ステレオグラムというものをベラ・ユレスが見つけた。アメリカのベル電話研究所の科学者だ。左目と右目に、白黒のランダムなパターンとしか見えないものを、ある装置を使って(慣れると裸眼でもできるが)合わせると、あざやかな三次元の奥行きが知覚される。

心理学には、優れた先生たちがおられて、非常に根源的な問いを出す。

「どうして目は二つあるのか。一つではなぜいけないか」。

「どうして二つの目は上下ではなく左右についているか」。

「水晶体は凸レンズで外界は網膜には倒立して映る。ではなぜ正立して見えるのか」。

そういう問いを心理学の先生が投げかけてきた。すぐれて哲学的な問いだと思っていたものが、実は経験的・実証的な科学でぜんぶ説明できるということが、非常に驚きだった。

いま、心理学をめざす人の多くは臨床心理学を思い描くだろう。コンプレックスとか、心の病、そういうものを思い描いて心理学に行く。しかし私の場合はそうではなかった。大学に入って、実験心理学に出合った。とくに人間の視覚の研究に出合って、哲学的な問いを科学することができるということを理解した。

それで、三年生、四年生では、人間の視覚の両眼視の研究をしていた。その二年間でハタと気がついた。

目が見ているわけではない。世界を認識しているのは目ではなくて脳なのだ。目はあくまで脳の出窓にすぎない。

だから、両眼の研究ではなくて、両半球の研究をしなくてはならないと考えた。

ネズミの分断脳の研究

当時の脳の研究で興味をもったのは分断脳だった。ロジャー・スペリーとマイケル・ガザニガというアメリカの科学者たちが、左半球と右半球では機能が違うということを見つけ始めた時期だった。それで、分断脳研究、左脳と右脳の働きの違いを調べるのが興味深く思えた。ねらいは良かったと思う。後に一九八〇年代になって、スペリーはノーベル賞を受賞した。七〇年代の前半にその重要性に気がついていたのだから、そこそこ良いセンスをしていたと思う。

サルは京大の文学部では手に入らない。しかたがないのでネズミ(ラット)の脳の研究をした。私の先生は平野俊二先生である。平野先生の先生はジム・オールズというアメリカの心理学者だ。オールズは心理学の教科書には必ず出てくる脳内自己刺激というパラダイムをつくった人である。視床下部に電極を刺すと快楽中枢が刺激される。一万回でも二万回でもネズミはずっとレバーを押し続ける。それを見つけた人が、私の先生の先生だ。

平野先生はちょうど大阪市立大学から京大に助教授で移ってこられたときで、私が最初の学生だった。先生一人に生徒一人。何から何まで手ほどきしてもらった。脳の活動を計測するための銀ボール電極を作成する。歯科用セメントで電極を固定する。頭骨に穴を開けて硬膜を露出させ脳波を記録する。海馬に電極を挿入して電気刺激する。測定し終わった脳を処理して取り出す。固定してミクロトームで凍結切片を切り出す。ニッスル染色する。全部を一対一で教わった。

ネズミを対象にした分断脳の研究には明瞭な利点がある。可逆的で、元の健康な脳に戻すことができるのだ。スペリーたちの分断脳研究では脳梁を切ってしまう。元には戻らない。一方、可逆的分断脳では、ネズミの脳の表面にカリウム結晶を置くだけだ。神経細胞はナトリウムとカリウムのイオン変化で電気活動をするのだが、カリウム結晶を脳に置くと電気活動が抑制される。つまり脳の働きが一時的に抑制される。それを生理的食塩水で流してしまうと元へ戻る。人間のてんかん患者やネコやサルでおこなわれていた脳梁を切断するという手術だと不可逆的で元へ戻らないが、このネズミの方法だと元に戻せる。そこが利点でネズミの分断脳を研究した。大学院の修士のときのことだ。

大学院で過ごした二年半の間、ネズミを対象に脳の研究をした。その二年半を総括すると、「ネズミの脳を研究すると、ネズミの脳のことがよくわかる。ネズミの脳を研究しても、人間の脳のことはほとんどわからない」だった。ネズミの脳は、滑沢脳といって、ツルッとしている。脳にしわがない。左右の半球に、人間の脳のような機能の違いは見つからなかった。

チンパンジーが見ている世界を人間と同じ方法で研究する

学部で人間の視覚の研究をした。大学院でネズミの脳と行動の研究をした。そうしているときに、京都大学霊長類研究所の心理研究部門の助手の公募が出た。サルの心理学、というのが新鮮だった。人間、視覚、脳、行動、という自分のもっている知識と技術を、サルにあてはめて考えてみた。「人間以外の生き物としてのサルがこの世界をどんなふうに見ているか、それを行動や学習を通して検証してみたい」ということを応募書類に書いた。今に続く道である。考えてみると、基本的なものは何も変わっていない。二六歳のときの発想のままに、今も研究を続けている。

具体的な構想として、同じ装置、同じ方法で、人間と人間以外の霊長類を比較するという計画である。そのときに、自分が人間の視覚研究で培ってきた心理物理学の測定方法が使えると思った。

当時さかんだった類人猿の言語習得研究では、チンパンジーがこう言った、ゴリラがこう理解した、というように言語的なコミュニケーションに焦点があった。また彼らが手話サインやプラスチックのチップを選ぶ行動を、そうした言語的な解釈で説明していた。どうにも科学的には思えない。別の切り口を考えた。感覚や知覚や認知や記憶の研究をすれば、同じ装置や同じ方法で人間とチンパンジーを厳密に科学的に客観的に比較できる。まったく同じ装置で、同じ心理物理学的な測定方法を使って、人間とチンパンジーの感覚や知覚や認知や記憶の比較研究をめざした。

そういう意味で、アイ・プロジェクトは、従来の類人猿の言語習得とはまったく異なる研究だ。問いが違う。検証する方法も違う。

具体的には、色の認識の検証から始めた。赤い色の紙を見せて、「赤」という字を選ばせる。逆に、「赤」という字を見せて、いくつもの色のなかから赤色を選ばせる。赤、緑、黄、青、さらには茶、桃、紫、橙、白、灰、黒と、一一個の色名をアイに教えた。ニホンザルではこういうことはできないけれど、チンパンジーではできる。

それ以前の研究で、チンパンジーは文字やことばをある程度わかっていたから、こうした色と文字の対応を教えることにした。その文字が言語であるかどうか。それは私にとってはどうでもよかった。言語だといってもいいし、言語だといわなくてもよい。文字は、チンパンジーが見ている世界を客観的に引き出すためのメディアである。

色を文字で答えてくれる、という事実だけが大切だった。マンセル色票という、色を色相と明度と彩度で規定した色紙がある。そのいろいろな色の色票を見せて、チンパンジーが見ている色の世界が人間のそれとよく似ていることを証明した。

アイは数を覚えたチンパンジーとして、一九八五年に雑誌『ネイチャー』に載った。アラビア数字を使って数を表現した世界で最初のチンパンジーとして大変有名になった。1から9までの数字に加えて0という数字の意味も理解するようになった。

アイは、アラビア数字だけでなく、図形文字、漢字、アルファベットが使える。ただし、それらを使ってコミュニケーションをするとか、それの言語的な機能を調べたのではない。文字は、あくまでメディア、媒介物である。それを通して、チンパンジーがどんなふうに色を見ているのか、どんなふうに形を認識しているのか、どんなふうに数の概念をもっているのかを研究してきた。

こうしたアイ・プロジェクトの原型ともいえる研究の成果は、第七章で説明する。また詳しくは、『チンパンジーから見た世界』(東京大学出版会、一九九一年)という一書にまとめてある。ぜひそちらを参照していただきたい。

こうした研究の流れのなかで、二〇〇〇年にアイがアユムという息子を出産し、アイ・プロジェクトの発展として「認知発達プロジェクト」が始まった。アイが示したようなチンパンジーの知性は、どのように発達していくのか。チンパンジーの心の発達を人間のそれと比較する研究である。

同じ装置、同じ方法で、人間とチンパンジーの感覚や知覚や認知や記憶の比較研究をする。では、そうした心の働きの発達過程を、どうすれば比較研究できるか。それが最初の問題だった。

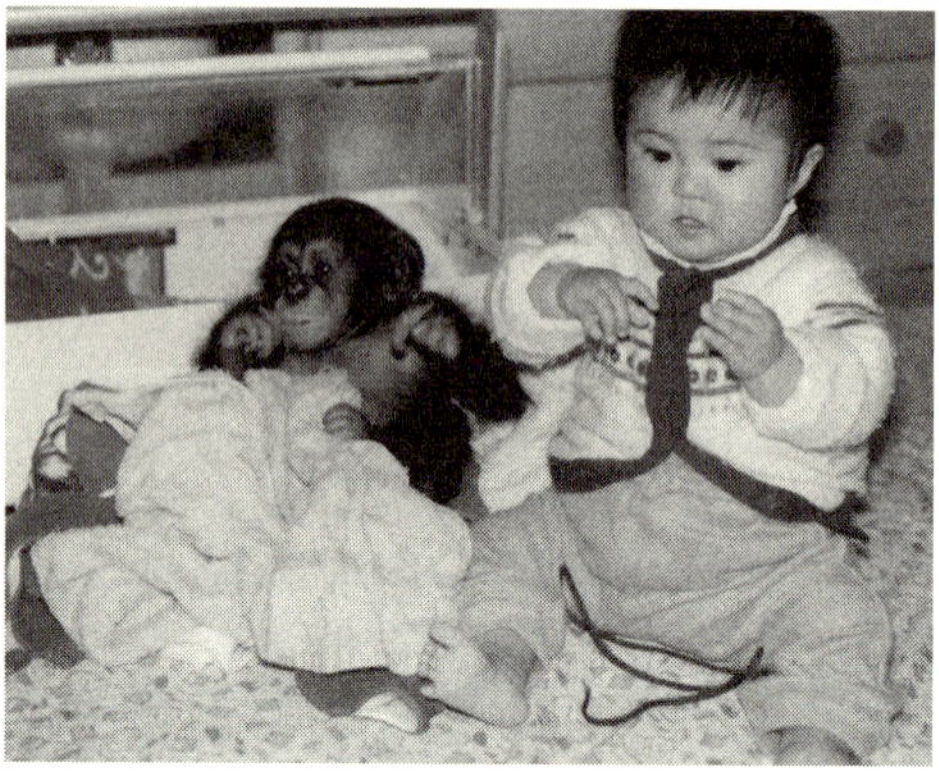

図41　人間の家庭で育つチンパンジーのパン（撮影：松沢哲郎）

「同じ環境」ってなんだろう

二〇世紀のほぼ一〇〇年間にわたって、心理学者や科学者がチンパンジーと人間を比較研究してきた。古典的な比較研究の論理は、「物理的に同じ環境で育てる。それなのに、よく似たところはあるものの、一方はことばを話し始め、一方はことばを話さない。だから、ことばの出現には、環境ではなくて生得的な要因が関与しているのだ」というようなものだ。

物理的な環境が同じで、行動が違う。だから、その違いは環境のせいではなくて生得的な要因に由来するというわけだ。

私も機会があって、自分の子どもと一緒に家庭でチンパンジーを育てたことがある。お母さんが育児放棄したチンパンジーで、しかたがないから自分の家庭で育てた（図41）。

育ててみてすぐにわかったのは、こういう比較はフェアじゃないということだ。なぜか。私の娘には両親がいるけれど、チンパンジーの子どもには親がいない。われわれが見ているのは、親から引き離されて、人間という別種の生き物の環境に放りこまれて、否応なく適応していく様なのだ。それは乱暴じゃないか。生きていくうえで必須な、ものすごく重要な環境を剝奪している。母親という環境を剝奪している。仲間という環境を剝奪している。そういうなかで無理やり人間の世界に適応していく様を見ている。

母親から引き離されたチンパンジーの子どもは、背中を丸めてうつろな目をしている(図42)。まるで鬱のようだ。ここに人間の飼育員が代理の母親として入る。どういうことが起こるかというと、子どもは飼育者にひっしとしがみつく。チンパンジーの子どもは、母親に強固な愛着を抱くという本性をもっている。だから人間を親代わりにして、しがみつく。人間が、チンパンジーの子どもにとって親そのものになる。

図42　アユム満2歳．定期健康診断のために母親と離されて心細げにしている(撮影：松沢哲郎)

だからこそ、親代わりになった人間が「手を頭にもってってごらん」と言えば、手で頭を叩く。「掃除機を使え」と言えば、掃除機を使うだろう。「イヌと散歩に行け」と言ったら、イヌと散歩にも行く。チンパンジーのもつ知性と、その愛着のありかたを知れば、なんの不思議もない。

一日の終わりに疲れてテレビをつけると、チンパンジーが面白おかしいことをしている。それを見て、人があっはっはと笑う。

それは人間としてよくない。

チンパンジーを見世物や金儲けの道具にしてはいけない。母親や仲間と離れて暮らすと、チンパンジーの挨拶や性行動ができなくなる。

覚えておいてほしい。テレビに出てくるチンパンジーの顔は肌色だ。あれは子どもの特徴だ。子どもは肌色の顔をしていて、大人になると真っ黒な顔になる。つまり、テレビの番組やコマーシャルに出てくるのはみんな子どもである。本来は母親と一緒にいなければいけない年齢の子どもだ。そうしたチンパンジーを、いろいろな理由をつけて母親から引き離している。

ビジネスのために、無理やり子どもを母親から引き離す。あるいは獣医さんが「いやぁ、子育て放棄しちゃって」と勝手な判断をくだして引き離す。どんな理由があっても、たとえ死にいたったとしても、チンパンジーの子どもを母親や仲間から引き離してはいけない。彼らには親や仲間と過ごす権利がある。それを踏みにじってよいという権利は人間の側にない。

チンパンジーは絶滅危惧種だ。どんどん数が減っている。レッドリストに載っていて、絶滅が危惧される生き物を、ペットにしてはいけない。エンターテインメント・ビジネスに使ってはいけない。

そうした主張の延長で考えると、欧米の心理学者がしてきた母子分離による発達研究は許容できない。チンパンジーを研究するために、彼らを不幸にすることがあってはならない。彼らの幸福を向上させつつ、チンパンジーの心の発達を調べる工夫を考えた。答えはきわめて単純だった。

参与観察によって認知発達を研究する

チンパンジーの子どもはお母さんに育てられるべきだ。

チンパンジーの子どもは親や仲間と一緒に暮らさなければいけない。

どういう研究が倫理的に正しく、かつ科学的に妥当か。そう考えたときに、自分が行き着いた研究方法が、新たな研究手法としての「参与観察」だった。

ものすごく簡単、単純、明瞭、明快。チンパンジーの赤ちゃんはチンパンジーのお母さんに育てられるべきだ。チンパンジーのお母さんに育てられたチンパンジーの子どもの発達を研究しよう。

参与観察は、コロンブスの卵のような話だが、それまでの常識を覆した研究方法だ。その根底には、研究者とチンパンジーが長い時間をかけて親密な関係を取り結ぶという、日本の研究のオリジナルな発想がある。野外研究でもちいられる「人づけ」に似ている。対象との間合いを徐々につめて一体化するのだ。キリスト教的人間観から自由で、人間と動物、人間と自然、というようには切り分けない日本の文化的伝統が、参与観察という発想の基盤にあるのだろう。

二〇〇〇年にアイがアユムを産んで、認知発達の研究が始まった(図43)。私とアイとアユムだけではなくて、友永雅己さんとクロエとクレオ、田中正之さんとパンとパル、三組のトリオが二〇〇

図43　出産後9時間のアイとアユム．へその緒と胎盤がまだついている（撮影：松沢哲郎）

○年にできた。二人は計画的な出産で、もう一人はできちゃった。

ポイントは「トリオ」というところにある。チンパンジーの子どもはお母さんに育てられる。お母さんと研究者とは仲良しだ。長年培ってきたきずなを利用して、お母さんに「ちょっとお宅のお子さん、貸してください。検査させてください」と頼む。それが参与観察というやり方だ。

参与観察では、お母さんと子どもに勉強部屋にやって来てもらう。人間の子どもをテストするときにお母さんに手伝ってもらい、見守ってもらうなかで、「こんなふうに積み木を積めるかなぁ？」とやる。それと同じように、チンパンジーに対して、「こんなふうに積み木、積んでくれる？」とお母さんにやってもらって、子どもがどうするかを調べる。お母さんチンパンジーに「子どもに教えて」とまでは指示できないが、「積んでください」と頼むことはできる。そこで、子どもの目の前でお母さんに積んでもらう。

チンパンジーの子どもは、勉強が終わったら群れへ帰っていく。そこには彼らの社会としてのまとまりをもった暮らしがある。お母さんだけではない。お父さんがいて、仲間がいて、そういう社会的なまとまりをもった暮らしがある。認知発達を検査するときだけ部屋に来てもらう。人間の子どもを検査するときもそうしているのだから、まったく同じ条件で比較する。

古典的な比較方法は、環境を一定にしたつもりで、ぜんぜんそうなっていない。物理的環境も社会的環境もできるだけ本来のそれに近いものにして、人間とチンパンジーを比較しようという研究をずっと続けてきた。

こうした研究成果が *Primate Origins of Human Cognition and Behavior*（人間の認知と行動の霊長類的起源）(Springer, 2001)、*Cognitive Development in Chimpanzees*（チンパンジーの認知発達）(Springer, 2006)という二つの書物になって発表された。

認知発達プロジェクトの初期の成果の詳細は、これらの本と、友永・田中・松沢編著『チンパンジーの認知と行動の発達』（京都大学学術出版会、二〇〇三年）に詳しく報告されている。

霊長類研究所のチンパンジーたち

物理的環境も社会的環境もできるだけ本来のそれに近いものにして、人間とチンパンジーを比較する。言うのは容易だが、実現するには多大な時間と労力がいる。

認知発達プロジェクトの基盤には、霊長類研究所という場所で暮らす一群れのチンパンジーのコミュニティづくりの歴史がある。そうした努力なしに、社会的環境を整えることはできない。

霊長類研究所には、現在、一群れ三世代一四個体のチンパンジーがいる（図44）。野生と違って、父子判定ができるから、父親と母親がわかる三世代だ。

図44　霊長類研究所のチンパンジーの家系図(写真提供：霊長類研究所)

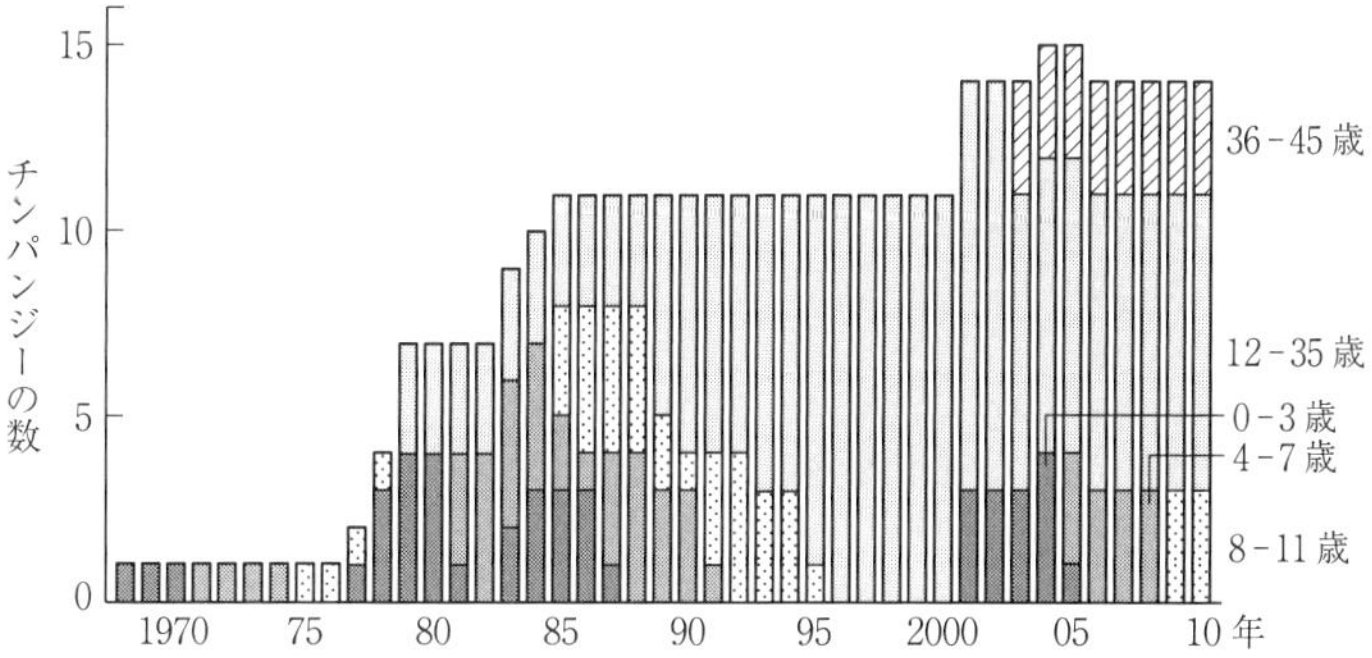

図 45　霊長類研究所のチンパンジーの人口の移り変わり(各年 1 月 1 日現在の数)

霊長類研究所は創立の翌年の一九六八年からチンパンジーを飼育してきた。私が着任した一九七六年には一人だけチンパンジーがいた。名前はレイコさん。漢字で書くと「霊子さん」で、ちょっと怖い。霊長研の霊、霊魂の霊でもある。

着任した翌年にアイが来て二人になった。その翌年にアキラとマリが来て、という順に増えていった。アイも、今ようやく、中年とよべる年齢である。開設以来四〇年がたっても、まだまださまざまな年齢構成をもった自然の群れにはならない(図45。第二章の図9と比べてみてほしい)。この種の研究にはもっとさらに長い歳月が必要だということをあらためて感じる。

研究所には高いタワーがあり、タワーとタワーのあいだにはロープが張りめぐらされている(図46、47)。できるだけアフリカの森に近い環境でチンパンジーに暮らしてもらって、そのチンパンジーに勉強してもらうという考えだ。一九九五年に霊長類研究所が最初にこのような高いタワーを建てて、現在、日本国内の一四の施設で、こうしたタワーが見られる

図46　霊長類研究所のタワーと実験室（撮影：松沢哲郎）

ようになっている。

ゴリラ、チンパンジー、オランウータンという、ヒト科のヒト以外の三属については、いずれも樹上性がある。木に登って生活する。ゴリラも、実は木に登る。とくに、動物園にいる西ローランドゴリラは、野生では非常に樹上性が強いことで知られている。

霊長類研究所では、独自の工夫として、機能重視型の環境づくりを進めて、一九九五年にトリプルタワーを導入した。一見すると工事現場のように見えるが、木材と鉄骨を組み合わせて、できるだけ高いところまで空間利用できるようにした。

従来の動物園では、動物が、観客の視線の高さに合わせて見やすいような平面にいることが普通だった。けれども、今では、東京都多摩動物公園や札幌市円山動物園のチンパンジー施設、旭川市旭山動物園や多摩動物公園のオランウータン施設など、主要な動物園では霊長類研究所のような高いタワーが利用されるようになった。二〇〇九年には、イギリスのエジンバラ動物園にも同様のものができた。二〇一〇年には、韓国のソウル動物園のチンパンジーの運動場に高いタワーができた。

このように、見かけはアフリカの森に似ていないが、機能としては三次元の空間が自由に使える施設が増えてきた。

機能重視展示は、「ランドスケープ・イマージョン」という、「なんとなく緑の雰囲気のなかに動物がいるという錯覚を与える展示」の対極にある。「生態を再現するような展示」を標榜する施設があるが、実際には人工的に再現はできない。本来、チンパンジーは数十平方キロ、つまり数千万平方メートルという広さの森で暮らしている。少し広めの動物園のチンパンジー舎が一〇〇〇平方メートルだとして、一万分の一の広さしかない。そうであれば、既存の空間をできるだけ広く使うことがまず大切だ。そうすることで、彼らが本来もっている行動を引き出し、彼らの感覚を豊かにするような展示をめざす。

図47　タワーのあいだに張りめぐらされたロープを渡る（撮影：落合知美）

研究所には高いタワーだけではなくて、チンパンジーが暮らす運動場の中に八角形の実験室がある（図46）。実験室には地下道を通って中に入る。ふつうの実験室とは逆の発想だ。実験室の内側に実験者と装置が閉じ込められていて、実験室の外側でチンパンジーが自由にしている。こういう場所で、飼育下の屋外実験や、チンパンジーの親子の参与観察をおこなってきた。

積み木積みの発達

参与観察という研究方法で、人間とチンパンジーの子どもの認知発達をまったく同じ条件で比較してきた。具体例として、この方法で、チンパンジーの子どもと人間の子どもの積み木積みの発達を比べた例を紹介しよう。どういうことがわかるのだろうか。林美里さんとの共同研究である。

チンパンジーの子どもも、積み木を高く積める。図48では一辺五センチの積み木を、二歳七ヵ月の子が一二個積んでいる。一三個まで積んだという記録がある。

図48　積み木を積む（霊長類研究所提供のビデオから）

人間の場合には、だいたい一歳後半から高く積むようになる。チンパンジーは、他のことはだいたい人間の子どもと同じなのだけれど、積み木積みは非常に遅くて、三歳近くにならないと自発的に積まなかった。しかも研究所にいる子ども三人のうちの一人だけだ。あとの二人は、自分でも積み木で遊んでいて、お母さんがそばで積んでいても、自発的に真似しなかった。

その理由はよくわからない。アフリカの自然の暮らしのなかに、積み木積みに相当するようなものの、水平な平面で積み上げると鉛直に積み上がっていくというようなものがないからかな、と思っている。

チンパンジーは高く積むだけではない。積み木を横に並べる、横につなげるということもできる。ただ、非常に面白いことに、「積み木を三個横に並べて、四個目をその上に載せる」ということができない。模倣の課題で、モデルと同じことをしてください、というテストをしてみた。すると、縦に積んだり、横に積んだりという、一次元の模倣はできる。でも二次元の模倣はできない。

人間では、積み木を使った認知発達検査にＫ式発達検査（京都で開発されたのでこうよばれる）というのがある。その検査のなかに、二次元のいちばん簡単な模倣課題がある。三個の積み木があって、まず積み木を一個置いて、ちょっと離してもう一個積み木を置いて、その両方にかかるように、ちょうど門の形になるように最後の一個を載せるというものだ。

この課題は、人間の大人だったらすぐにできるが、人間の子どもでも三歳未満だとちょっと難しい。満三歳ならできる。そして、チンパンジーにはこれが、大人でも、どうしてもできない。チンパンジーは、ただただ積んでしまう。積み上げることはできる。横に並べることもできる。でも、横にも縦にも注意を向けなきゃいけないということが、チンパンジーは非常に苦手なのだろう。一次元に対して注意を向けることはできても、二次元の配置に対して注意を向けることは難しい。それが積み木積みを通して見えてきたチンパンジーの知性の制約だった。

そもそもチンパンジーのお母さんがそういうお母さんなので、こちらが言った通りに何でも積めるわけではない。高く積むか横に並べるかしかできないけれども、それをやってもらう。お母さんたちは、アイもクロエもパンも、積み木積みができる。お母さんにそれをやってもらっているときに、子どもに積み木を渡す。そうすると、人間の子どもだったら自発的に積み始めるところだけれど、それがない。どんなにお母さんと積み木積みの遊びをしていても、子どもが関わってくるのは、せいぜい積み木を倒すことぐらい。で、自分で積み木を持って行ってしまう。隅へ持って行って、自分で遊ぶ。

こういう発達検査をしていると、ほかにも面白い発見がある。

一つは、積み木を積むということを教えるときに、どう積むかということまでは細かく教えていないにもかかわらず、自発的に角を合わせるということだ。こうした調整をする行動の発現は、単純な学習理論では説明できない。教えていないのに、チンパンジーの側に自律的な目標があるのだろう。

もう一つ、単純な学習理論でうまく説明できないことがある。

検査では、積み木の塔が倒れたところで一回の試行が終了したと定義して、ごほうびとしてリンゴのひとかけらをあげる、というようにする。これは、次々やってもらうための工夫だ。定義によって、塔が倒れたら試行終了だから、「はい」とリンゴ片を与える。そして、ガラガラガラと積み木をかきまぜて「はい、じゃあ積んでみて」と渡す。あるいは、一個ずつ手渡して、「積んでみて」と促すわけだ。

単純な学習理論に従うならば、塔が早く倒れたほうがよい。ごほうびがもらえるわけだから。適当に積んで倒すか、あるいは二個目か三個目で倒してしまったほうがいいことになる。でも、チンパンジーたちは決してそうはしない。なんとか高く、高く、積もうとする。そして、もう一個載せたら倒れそうだという時点で積むのをやめる。

だから、積み木を積むという行動では、明らかに「積む」ということ自体に強化力、報酬があって、塔が倒れるのが嫌なのだ、ということがわかる。

図49　大人が石器を使うのを近くで見つめる子ども（撮影：松沢哲郎）

教えない教育、見習う学習

チンパンジーの教育と学習をひとことで表現するならば「教えない教育、見習う学習」となる。師匠と弟子の関係に似ている。師弟教育あるいは徒弟教育だ。大人の様子をよく見て覚える。

ボッソウの野外実験場で観察していると、石器を使う大人の様子を、子どもたちが近くでじっと見つめている（図49）。大人は平均して三〇秒に一個、上手な人だと二〇秒に一個、カツカツカツカツ割っていく。子どもはそれを見ている。大人のほうは、子どもが近くに寄って見ていても「あっちへ行け」とはしない。好きなようにさせている。大人は非常に寛容だ。そして、別に割り方を教えるわけじゃない。

同じことが実験室でも起こる。生まれてから最初の一年、アイが勉強している様子を、アユムはじーっと見ていた。それが、すごく印象的だった。手で触れることはできるのにそうしない。触らないで、じっと見ている。

こうした観察から、チンパンジーの教育と学習の三つの特徴がわかる。一番目が、親や大人が手本を示すということ。逆にいうと、「ああしなさい、こうしなさい」とはしない。やって見せるだけ。二番目が、自発的に真似る。真似しなければいけない特段の理由はない。でも、真似る。そもそも、「まねる」ということばが語源になって、「まねぶ」から「まなぶ」となったそうだ。三番目が、子どもに寛容。子どもが見るぶんには、「あっちに行け」と邪険にしたりしない。

子どもは見ているだけではなくて、自分でもいろいろやってみる。それは、トライアル・アンド・エラーという試行錯誤ではない。トライアル・アンド・トライアル(試行また試行)とでもいうべきものだ。たとえば、こんな具合だ。

子どもが赤い実を口にくわえている。石に実を載せる。赤い実をかじってみる。実を捨てる。手で叩く。今度は種を拾った。それを石に載せる。もう一つの手にも種を一個持っていて、それを石に載せる。これで二個の種が石に載った。それを別のハンマー石で叩く。種が落ちた。石で叩くが、打撃面が合わない。ハンマー石を抱っこして落とした。台石を叩いて、足で踏んづけている。手で石を叩いた。でも種がない。種を載せる。種をもう一個載せる。石を持ち上げてみる。後ろへ落とす。

このようなことを延々とやっている。こうした種と石とを組み合わせるトライアル・アンド・トライアルを、二歳から三歳にかけていろいろやる。

また、一歳から二歳頃の幼い子どもは、親が食べている物を持って行く、ということもする。親は、寛容だから持って行かせる。親が種を割ると子どもが中の核を取って行ってしまう。しょうがないから、親がまた種を割る。また取って行く。七回続けて子どもが持って行ったのを見たことがある。母親は子どもに対して非常に寛容なのだ。

これがもし、単純な学習理論に従うのであれば、取って行くという行動が増えるはずだ。なぜなら報酬があって強化されているのだから。でも、実際は、母親が割った種の中の核を取って行くという行動は、一歳半頃を境に、どんどん減っていく。そして、次に、種を石に載せて手で叩いたり、種がないのに石で石を叩いたりと、いろいろな行動がどんどん増えていく。

最終的に、早い子で三歳、ふつうは四〜五歳になって、カッツンとはじめて割れるようになる。ポイントは、はじめて割れるまで、種を割ろうとする行動は一度も強化されていないということだ。食物報酬による直接の強化がない。

それなのに、その行動が増えている。食べ物ではない動機づけがあるとしか考えられない。それは何か。おそらく、親や大人と同じことをしたい、ということが動機なのだろう。親や大人と同じことをしたいという、強い本来的な自発的な動機づけがあって、なんとか自分で石を使って種を叩き割ろうとしている。

こうしたチンパンジーの教育と学習のことを、「教えない教育、見習う学習」とよんでいる。チンパンジー流の教育は、彼らと共通の祖先をもつ人間の教育の基盤でもある。口で教えるのではない、手取り足取り教えもしない。模範となる行動をしてみせる。子どもはその後ろ姿を見て学ぶ。

教え、認める教育

チンパンジー流の教育がわかると、人間の教育の特徴もはっきり見えてくる。

一番目は、教えるということ。チンパンジーは教えない。

でも、その「教える」の一歩手前に、人間は「手を添える」ということをする。これが二番目の特徴だ。人間だったら、ちょっと手を取って、「こうやって割るんだよ」とか「この種がおいしいよ」「こっちの石のほうがいいんだよ」とか、さらにはもっとかすかに、手の位置を修正したり、指さしで位置を示したりするだろう。チンパンジーはそれをしない。

その「手を添える」ということの、さらに一歩手前に、これはほんとうに人間にしかない三番目の特徴として、「認める」というものがある。具体的にいえば、「うなずく」「微笑む」「ほめる」。チンパンジーのお母さんは、そんなことはしない。チンパンジーはうなずかない。

お母さんと子どもの「お砂場デビュー」みたいなものを思い浮かべてみるといいかもしれない。はじめて砂場へ、バケツとスコップを持って行く。二、三歳の子どもが、最初に砂場へ入ろうとする直前に、必ずお母さんを見るだろう。お母さんは、うなずいて、微笑む。

子どもがスコップで上手にすくって、砂をバケツに入れたとする。うまく入れられたら、必ずお母さんを見るだろう。お母さんは、うなずき、微笑み、「上手にできたわねぇ」と手を叩いてほめる。それが人間だ。

人間の教育の一つのかたちというのは、「認める」ということにある。逆にいえば、人間の子どもには「認められたい」という強い欲求がある。それがチンパンジーとの大きな違いだ。教育における「認める」という行為の重みをあらためて意識している。

チンパンジーと自閉症

チンパンジーの研究をしていると、人間の自閉症者との類似がよく指摘される。

まずお断りしておくが、チンパンジーが自閉症だということではない。逆に自閉症と診断される人がチンパンジーに似ているわけでもない。しかし、チンパンジーの行動と、人間の自閉症スペクトラムが示す症状とを突き合わせることで、チンパンジーの本性の理解が進み、人間とは何かを深く理解することになるだろう。

チンパンジーは、積み木積みの検査のあいだじゅう、観察者の目とか顔色をうかがったりしない。チンパンジーと対面していると、人間の自閉症スペクトラムで報告されている症状と共通するものを感じる。

自閉症あるいは自閉症スペクトラムの診断規準として三つの症状が指摘されている。一つめは、対人的なコミュニケーションの障害で、目が合わない。二つめが言語の遅れ。三つめがステレオタイプな行動で、特定のものに深い関心を示し集中して、そのことをずっと繰り返す。

この三つの特徴が、対面検査をしているときのチンパンジーにほぼぴったり合う。

「チンパンジーは目と目を見つめ合う、にっこり微笑む」と言った。ただしそれはニホンザルとの比較の話だ。チンパンジーといえども、人間ほどには頻繁に目と目を合わせることはない。どちらかというと、なかなか目が合わない。もちろん、言語はすごく遅れている。よほど徹底的に教えないと言語とよべるようなものは覚えない。そして、ある一つのことに集中して、それをずっと繰り返す。対面場面の積み木積みがまさにそうで、ほかはぜんぜん見ていない。一生懸命にひたすら積み木を積もうとする。

ただし、野生のチンパンジーを観察していて、自閉症スペクトラムに類似したものはない。こちらが違和感をもつような常同行動はない。常同行動というのは、動物園のクマが檻の前を行ったり来たりするような、ステレオタイプな行動のことだ。

自閉症の子どもでは、テレビのアナウンサーが言っていることばをそのままオウム返しにずっと繰り返す「エコラリア」という行動が現れることも多い。そうした動物園のクマの常同行動や、人間のエコラリアのような行動は、野生のチンパンジーにはない。

違和感を抱かない一つの理由は、野生のチンパンジーを観察しているときには、空気のように自分の存在を消してチンパンジーを見ているからだろう。彼らとインターラクションがあるわけではない。チンパンジーどうしには、もちろんインターラクションがある。チンパンジーは互いに毛づくろいするし、一緒に物を食べる。そういう場面の彼らに違和感をもったことはない。

どうしても人間と違うなあ、人間の自閉症スペクトラムの症状を思い出してしまうなあ、と感じるのは、チンパンジーと顔を突き合わせて対面したときだ。人間とチンパンジーが対面したときに、どうしてもコミュニケーションがうまくかみあわない。

チンパンジーと会ったときには、自分がチンパンジーになりきって、チンパンジー流のやり方でクリック音を出し、毛づくろいをして、あるいはパントグラントで挨拶をして、あるいはプレイフェイス（遊びの顔）をつくって遊ぶようにしている。そうすると、うまくコミュニケーションがとれる。

しかし、対面して座って、人間のやり方でコミュニケーションをとろうとするとあまりうまくいかない。そのとき感じるのが、自閉症スペクトラムとして報告されている症状とよく似ているなあということなのだ。つまり、チンパンジーに何か症状があるのではない。人間とチンパンジーが向き合うという場面そのものがきわめて不自然、あるいはきわめて人間的なのだと理解するようになった。

脳の発達

チンパンジーの認知発達とあわせて、形態の発達も調べている。濱田穣さんたちとの共同研究だ。麻酔をして、横から見た頭部の真ん中の断面(正中断面)を磁気共鳴画像(ＭＲＩ)で測ると、いくつか面白いことがわかった。

人間には喉頭下降現象といって、声帯のある部分が発達とともにだんだん下がってくる現象がある。それが、人間が音声言語を使うための形態学的な基盤なのだが、実は喉頭下降現象そのものはチンパンジーにもあることが見つかった。西村剛さんの発見である。

それから、脳がどう発達しているかを調べている。脳の容積や灰白質と白質の比率が発達とともにどう変わっていくかの研究だ。酒井朋子さんや三上章允さんとの共同研究である。

人間とチンパンジーの脳の大きさはだいたい三倍違う。人間が一二〇〇ミリリットルぐらいに対して、チンパンジーは四〇〇ミリリットルぐらいしかない。けれども、人間が赤ちゃんから大人になるまで脳が大きくなるように、チンパンジーも赤ちゃんから大人になるまで脳が大きくなって、人間は三・二六倍、チンパンジーは三・二〇倍になる。どちらも三・二倍で、ほとんど同じだということがわかった。

他の霊長類を調べても、三倍を超える種はない。他はどれも二倍ちょっとで、人間とチンパンジーだけが、生まれたときから大人になるまでにほぼ三・二倍になる。ということは、それだけいろいろなことをたくさん覚えながら大人になると考えられる。その意味では、人間もチンパンジーも同じなのだということが、はっきりとわかった。

学習の臨界期

われわれが経年観察をしているボッソウでは、野生チンパンジーが石器を使ってアブラヤシの種割りをするということは、これまでにも何度かお話ししてきた。そこでは、チンパンジーが何歳から石器使用ができるようになるかというデータが得られている。

チンパンジーでは早い子は三歳から石器使用ができるようになる。男女差があって、男性が遅く、女性が早い傾向がある。まとめると、女の子では三〜四歳から、男の子では四〜五歳からできるようになるというのがたぶん正しいだろう。

ところで、大人なのに石器使用のできないチンパンジーがいる。ボッソウの女性の大人二人、ニナとパマは、石器使用をしない。石器が使えない。

チンパンジーは父系社会だから、女性がよその群れからやってくる。たぶん、その石器を使えない女性は、石器を使わない群れで育って、学習の臨界期を過ぎてしまったのだろう。

私は、こうした石器使用の学習の臨界期は四〜五歳のところにあると思っている。そこで獲得されないと手遅れになる。その二人の女性は、学習の臨界期を超えて、一〇歳前後の頃にボッソウに入ってきたのだろう。だから、もはや習得できなかったと考えている。面白いことに、その女性が産んだ子どもたちは、みんな石器を使えるようになった。手本となるのは母親だけではないことがうかがわれる。

ボッソウには一人、割れない子がいる。ユンロだ。その子のお母さんは割れる。その子はどうして割れないかというと、三〜四歳の頃に、片足の足首に針金の罠がからみついてしまった。足に罠がからみつくと、地上を歩くときに片足を接地できない。それで両手を松葉杖のようにつく。手が移動の道具になってしまい、物を操るのが非常に難しい。そういう三〜四歳の時期を過ごしたその子は、種を台石に載せるけれども、手で叩く、ハンマーの石がない、というところで止まってしまった。

もう一人、七歳になってようやく習得した男の子がいる。ジェジェだ。その子のお母さんは種割りができるのに、この男の子は非常に遅れた。逆に、石器使用のできないお母さんがいても、子どもはできる。ここでも、お母さんだけが学習の源泉ではなくて、他の大人たちがやっていれば、それを見て学ぶことが示唆される。

霊長類研究所のアイも石器使用ができない。アイは、レベル1の道具使用はできるが、レベル2の道具使用ができなかった。その一方で、アイは、シンボル使用においてはレベル3まで到達した（第五章）。こうしたことを、どう考えたらよいだろうか。

それはすべて、脳が三・二倍になるあいだに、何についてどれだけ学んだのかという過去の経験と学習の臨界期の問題だと思われる。アイは、コンピュータのシンボル使用というものを、一歳のときからずっとやっていた。石器は、二〇代後半になってはじめて遭遇した。それができない理由だと考えられる。

経験や学習の臨界期にかかわらず、レベル1のことであれば、チンパンジーだったら誰でもできる。どのチンパンジーも、レベル1の道具は使えるし、レベル1のシンボル使用はできるし、手話サインは覚えられる。でも、手話サインでの二語文、三語文は、子どもの頃から学習しなければ、たぶんできない。四語文、五語文は、子どもの頃から教えても、できるようにはならないだろう。

文化の伝播

最後に、学習の臨界期と関連して、チンパンジーの文化を伝えるメカニズムについてお話ししたい。チンパンジーは男性が群れに残る。女性は生まれた群れを離れて近隣の群れに移籍する。だから、石器使用を知らないままボッソウにやってくると、学習の臨界期を過ぎているので石器使用のできない女性としてその群れにいることになる。

ただし、ちょうど逆のケースを考えることもできる。つまり、学習の臨界期を過ごした自分の群れで石器使用を学んだ女性がよその群れへ出て行けば、彼女がモデルになって、その新しい行動が伝播することになる。

実は、西アフリカ一帯のチンパンジーの群れに「叩き割り文化」というものがあるようだ。石はあるのに、東アフリカにはそうした石器を使う文化がない。西アフリカでは、一組の石をハンマーと台にするのはボッソウだけだが、木の根方や岩盤という、動かない基層を台にしてハンマー石や棍棒で叩いて割るという文化が、西のディエケの森や、東南のコートジボワールのタイの森や、西南のリベリアでも見つかっている。

どうして西アフリカ一帯に「叩き割り文化」が広がっているのか。それを説明する仮説としては、女性が移籍するときに、生まれた群れの文化をもって移籍するからだ、と考えられる。

第七章　ことばと記憶——トレードオフ

アイ・プロジェクトの当初の目標は、チンパンジーの感覚や知覚や認知や記憶を調べる研究だった。人間とチンパンジーを、まったく同じ装置、同じ方法で調べた。外見としてはチンパンジーの言語習得研究のように見える。しかし、研究目的は「チンパンジーから見た世界」を科学的に客観的に示すことだった。それを人間と比較することで、両者の同じところと違うところを実証しようと考えた。「比較認知科学」とよばれるようになった学問の原型だ。

アイ・プロジェクトは、比較認知科学という学問を確立するパイロットの役割をはたしたといえるだろう。その研究方法の特徴は三点に要約できる。第一は、コンピュータを活用した全自動の学習場面。第二は、実験的行動分析とよばれる学習法の活用。第三は、心理物理学的測定法の導入だ。そうした三つの特徴をもった一連の研究のあらましを紹介したい。

最新の成果は、チンパンジーの子どもが人間の大人よりも優れた瞬間的な直観像記憶をもっているという発見だ。人間はそうした記憶能力を失うかわりに、シンボルとか表象とよばれる認知機能を手に入れた。

色のカテゴリー

アイは文字を覚えたチンパンジーだ。「桃」という漢字を見せられて、そのあと出てくる一〇種類の色のなかから桃色を選ぶこともできれば、その逆の、緑色を見せられて、一〇個の漢字のなかから「緑」を選ぶこともできる。アラビア数字も知っている。画面に出てきた白い点がいくつだったか、数字を選んで報告することもできる。

チンパンジーから見た世界の一例として、図形文字（当時は漢字ではなかった）とＪＩＳ規格のマンセル色票を使って、色の知覚を調べた研究を詳しく紹介しよう。

マンセル色票は、色を色相、明度、彩度の三属性で表現する体系にもとづいている。マンセル色票のいろいろな色を、一色一枚の色紙として見せて、どの色かを聞き、答えた色をチャートにする（図50）。図のチャートは、横軸が色相、縦軸が明度を表わしていて、一つ一つのセルが一枚の色紙に対応している。彩度についてはいちばん鮮やかなものを使用した。

このチャートを見ると、色相や明度が完全に一致するわけではないけれども、ある範囲は全部を緑と答え、全部を青と答える部分があることがわかる。チンパンジーのチャートにある黒い点は、アイに色名を教えたときの当該の色だ。私は、アイに、緑をずいぶん暗い色（色相５Ｇの明度３）を

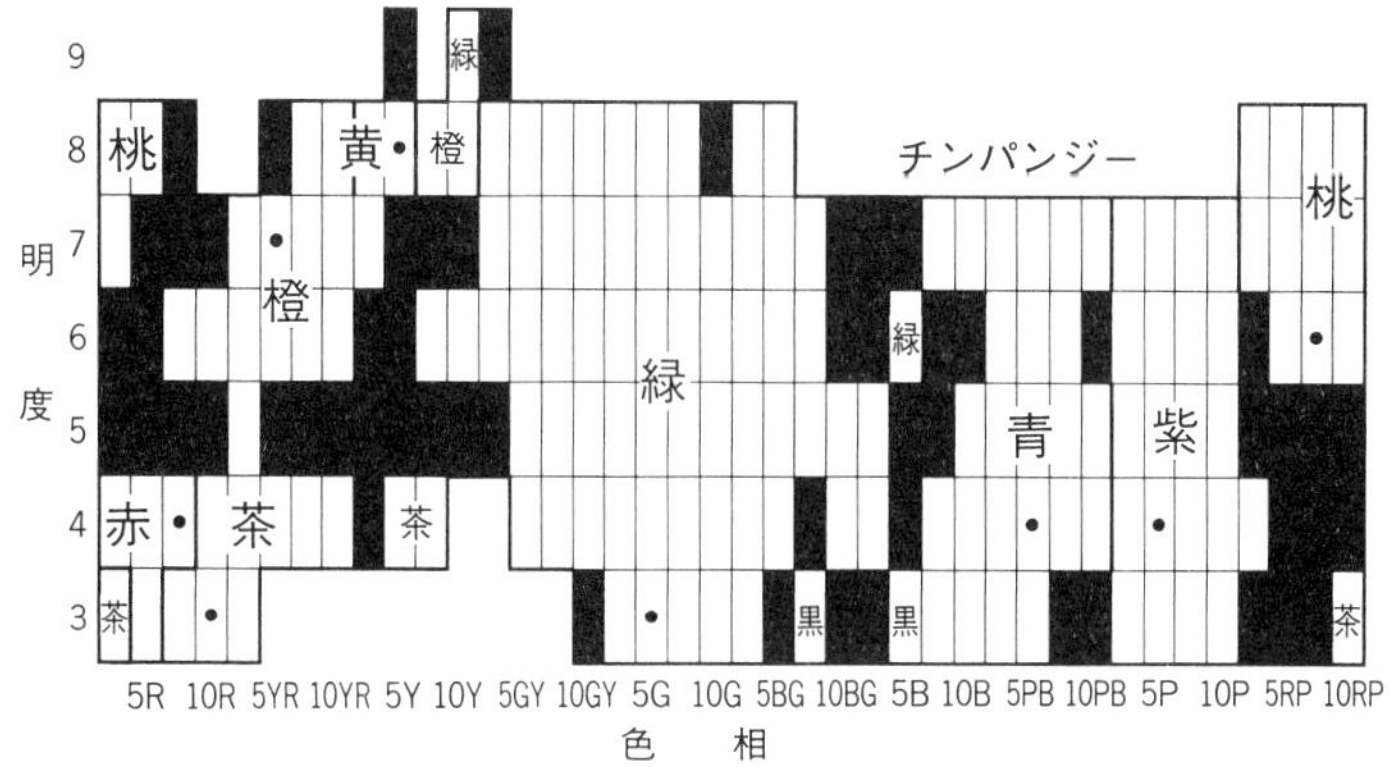

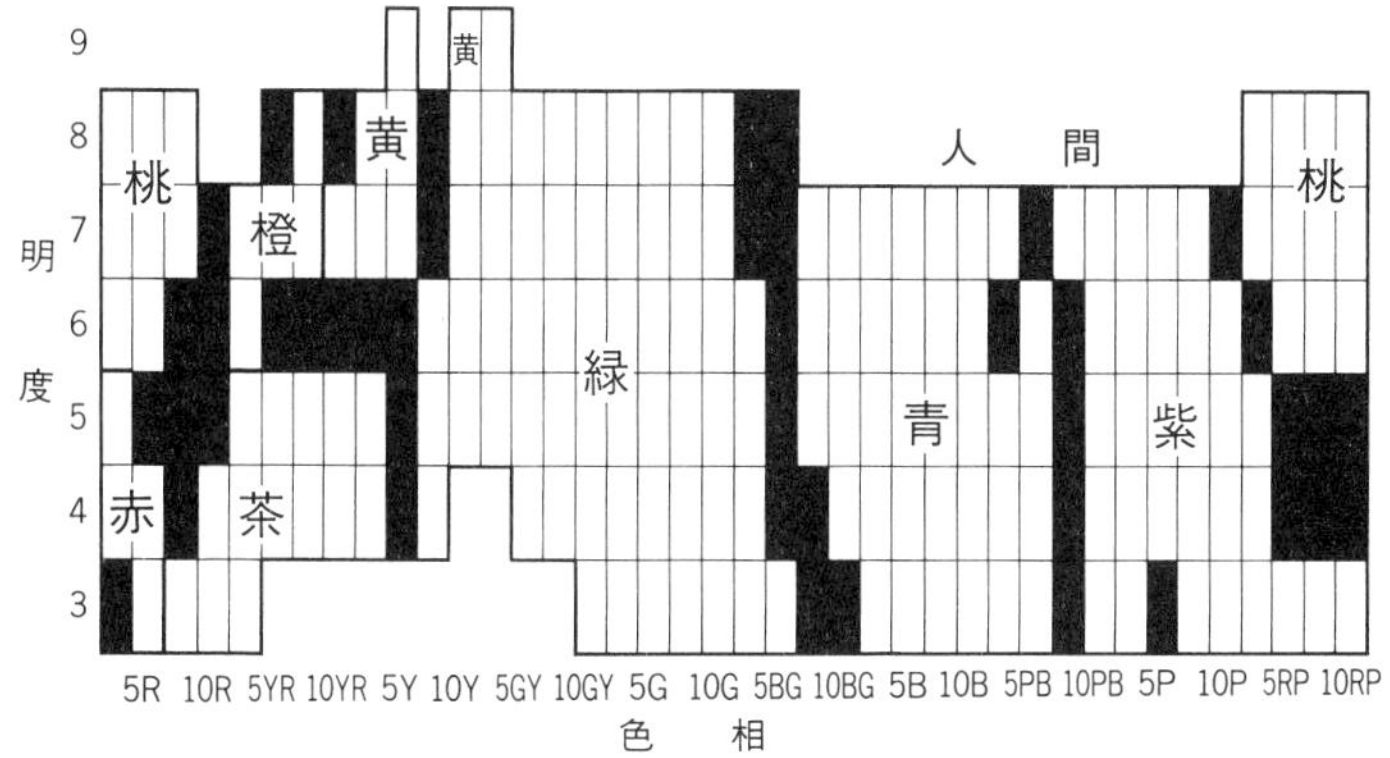

図50　チンパンジーと人間の色の知覚

見本として教え、青もやや暗い色（色相5PBの明度4）で教えたわけだ。

それぞれの色紙について三回ずつ、違う日に、「この色紙は何色ですか」と聞いた。三回聞いて、三回とも同じ答えになった部分が白抜きで表わされている。青と緑の境界のような色を見せられると、今日は青と言うが、明日は緑と言い、また次の日は青と言ったりする。そうした、命名が不安定な色票については黒く塗りつぶして表示した。

そういうことを予備実験で一〇回繰り返してみた。三回やって間違えない色は、一〇回やっても間違えない。青と言ったり緑と言ったりする色は、だいたい三回やると、三回のなかで違う答えが出てくる。だから、一〇回やらなくても、三回たずねてみればよいことがわかった。

約二三〇色を調べて、安定して命名できる割合がだいたい八割、安定して命名できない割合が、だいたい二割。この割合は、チンパンジーでも人間の大人でも同じだった。

色のカテゴリーも、ほぼ同じだ。日本人の感覚でいうと、青と緑の境界が二色相ぐらいずれている。また青と緑ですごく暗い色の場合、チンパンジーはそれを黒と言ったりしている。けれども、英語でも、ブルーとブラックは語頭のblが同じで、語源的には同じなのだ。

総じていえば、色のカテゴリーは、どの色で訓練されたかとは関係なく（訓練色が色カテゴリーの中心には位置していないので訓練とは関係ないといえるのだが）、日本人の大人がもっている色のカテゴリーと非常に近いものをチンパンジーがもっている、ということが示された。

今度はそれに、文化人類学的なデータを重ねてみた。

色彩基本語の焦点といって、たとえば最も緑らしい緑はどの色かと聞く。そうすると、日本語の緑に対応する焦点は、ドイツ語のグリューンとは多少ずれる。フランス語のヴェールともちょっと違う。

世界中の二〇の言語で、緑なら緑に相当する色の焦点というものを、その言語を母語とする人に聞いて集めてくると、ばらつく。しかし、多少ばらつきはするものの、あるまとまり(クラスター)をつくっている。緑と言おうが、グリューンと言おうが、ヴェールと言おうが、だいたい似たところにある。こうした色カテゴリーがあることを、ブレント・バーリンとポール・ケイという文化人類学者が見つけた。

これは言語の普遍性を言っているのだ。まったく恣意的に言語がつくられ、色の命名はまったく恣意的だと主張する一派があるのに対して、いや、人間という存在に普遍的に、ある色の範囲を命名するそういう傾向があると考える一派がある。バーリンとケイの研究は言語の普遍性を支持する結果だ。赤も、オレンジも、緑も、青も、クラスターになっている。

私のデータをその文化人類学的データに重ねると、とても面白いことがわかる(図51)。この図では先ほどの図50とは逆に、チンパンジーが安定して命名できる領域に網掛けをして、チンパンジーが安定して命名できない領域を白抜きで示している。この黒い点は、二〇言語それぞれの色彩基本語の焦点だ。この図から、チンパンジーが安定して命名できないようなものを色彩基本語の焦点とする人間の言語はないということがわかる。

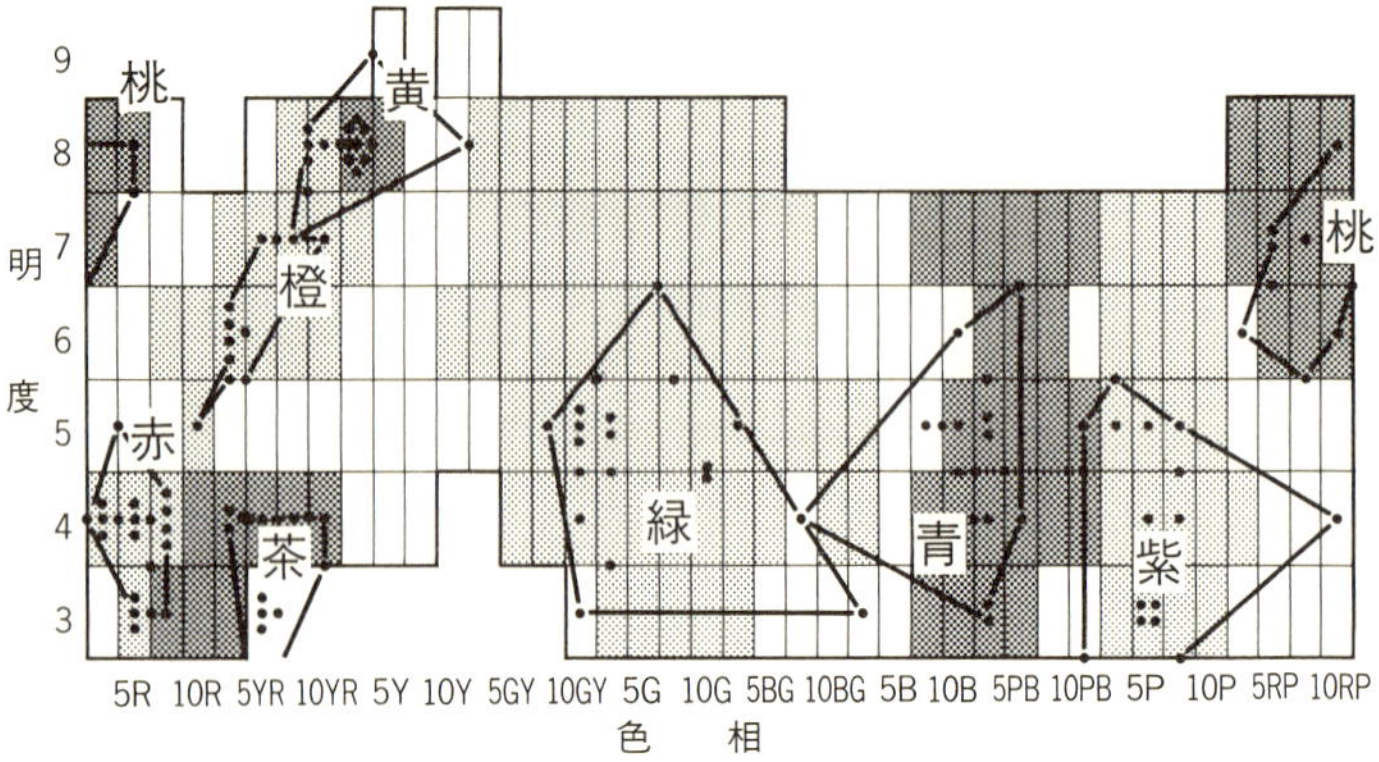

図 51　チンパンジーの色の知覚と 20 言語の色彩基本語の焦点
(Berlin & Kay (1969) の図を改変して，図 50 のデータに重ねた)

人間の言語の色彩基本語の焦点は、必ずチンパンジーが安定して命名できる領域にある。バーリンとケイは色彩基本語について言語の普遍性というものを見出したわけだけれど、それは、人間のなかで閉じられたものではなくて、チンパンジーにも拡張され、チンパンジーにも色彩基本語の普遍性というものが認められるのだ。つまり、色を認識しているというレベルにおいて、言語的な反応を使って人間と同じように調べてみたら、チンパンジーが見ている色の世界は人間のそれと同じだといえる。

もしかりに、安定して命名できない領域の色に勝手に名前をつけて、チンパンジーにその名前を教えたら、どうなるだろうか。それを、チンパンジーではなくてハトで調べた研究がある。

そういうカテゴリーは、なかなか形成しにくいということがわかった。ハトはまたハトで、ぜんぜん違う色クラスターになるのだが、緑とか青とか赤とか、やはり色カテゴリーをつくる。彼らの自然なカテゴリーの範囲内の色に命名させると、非常にシャープなカテゴリーが得られるけれども、境界領域のところでカテゴリーをつくろうとすると、なかなかつくりにくいということがわかったのである。

そうだとすると、チンパンジーでも、たぶん同じ結果が予測できる。人間でもそうで、青緑というところにわざと焦点をもたせたようなことばを教えても、なかなかそれが習得されないということが考えられる。人間とチンパンジーの色知覚の相同性が示された研究である。

色彩名の習得とカテゴリー分け

後年、言語をもつということの意味を、色彩命名についてより深く考えてみた。当時まだ学部学生だった松野響さんとポスドクだった川合伸幸さんとの共同研究である。アイは、黒を含めて一一の色名を習得している。ペンデーサというチンパンジーは、色の名前はぜんぜん習得していない。でも、この研究からわかったことは、二人のチンパンジーが見ている色の世界はほぼ同じということだった。アイだけが色を見ているわけじゃない。ペンデーサも色を見ている。ただし言語的なラベルを学んだことによる違いも見つかった。詳しく紹介しよう。

色をどのように見ているかということを、見本合わせという課題で調べた。見本の色があって、選択肢の色がある課題だ。訓練では、見本としてたとえば緑を見せて、二つの選択肢の色、緑と青、のどちらと同じかを聞く。比較的簡単な課題なので、数日訓練すればできる。アイだけでなく、ペ

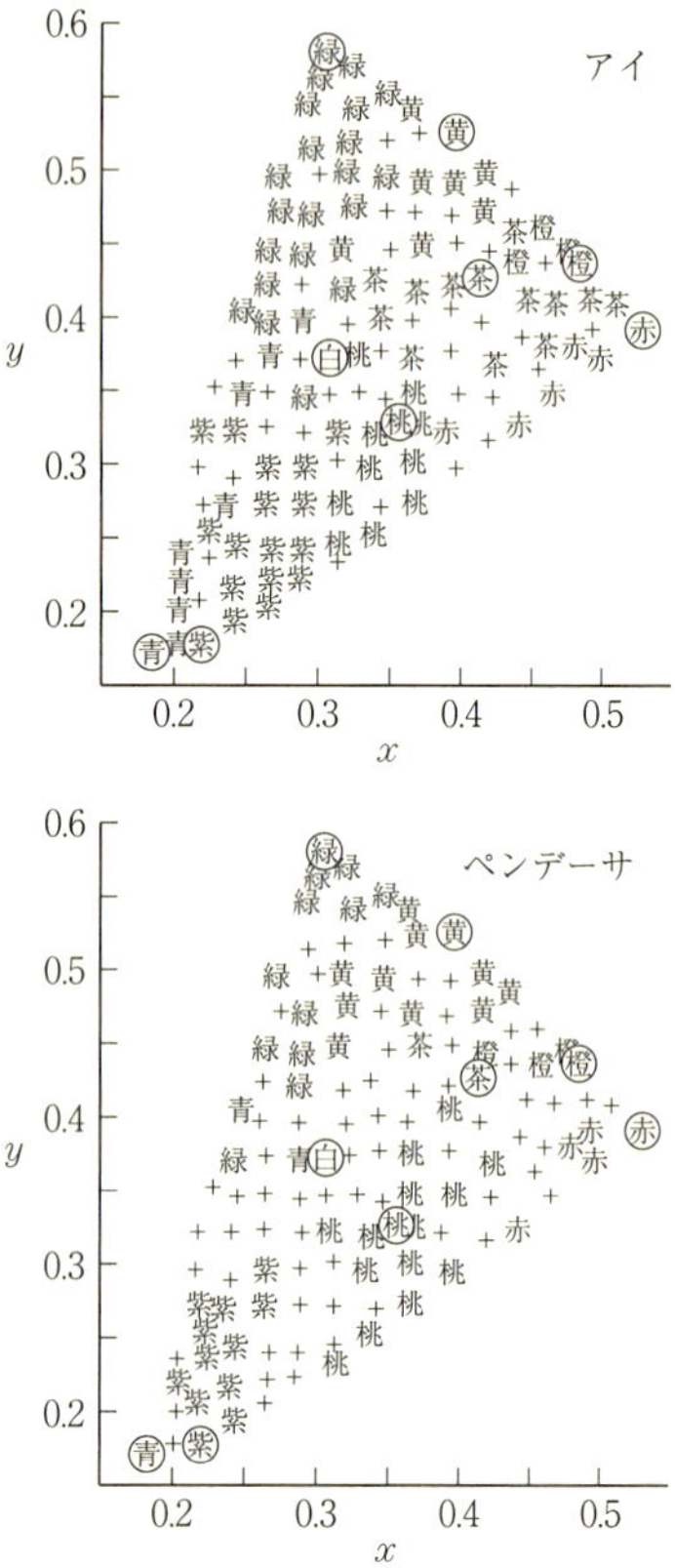

図 52　色の見本合わせ課題．各人が一貫して選んだ色に色名を記し，一貫しない色は＋で示してある．○をつけたのは訓練で使用した見本の色（標準色）

ンデーサにとってもそう難しくはない。

色と色、同じ色を選べばよいという訓練ができたあとに、ときどき、一〇回に一回くらいの割合で、別の色を出してみる。とんでもなく違う色ではなくて、比較的近い色を出してみる。そのときに、緑というのか、青というのか、選択肢は二つしかない。一対で比較して強制的にどちらかを無理やり選ばせるわけだ。実は、どちらを選んでもごほうびがもらえる。答えが合っているとか合っていないということではない。ただし、それまでの基盤となる訓練で、同じほうを選ぶということを今までずっとやってきた。一〇回のうち九回まではそれをやっている。そうすると、ときどき見本とすこし違う色が出てきても、とりあえず「同じ」ほうを選ぶと考えられる。

図52には、アイ、ペンデーサそれぞれが、青ならいつも青、緑ならいつも緑と、一貫して同じ色で答えた色を、先ほどのマンセル色票とは違う色度図というかたちで表現してある。ここからわかることが二つある。

まず、二人が共通して、つまりチンパンジーの個体差を超えて、いつも同じ名前で選んだ色の領域がある。アイとペンデーサは、ことばをもっているかもっていないかに関して、ぜんぜん違うのだが、ちゃんと共通の領域というものがあった。かつ、それがクラスターをつくっている。すなわち、青らしい色とか、緑らしい色とかがある。言語的な訓練、言語のラベル付けの訓練を受けたか受けていないかにかかわらず、共通する色の領域、色のカテゴリーがあるということがわかった。

もう一つわかったことは、一貫して答える割合は、アイのほうが圧倒的に高いということだ。言語的なラベル付けをすると、色の分類がよりシャープになり、より安定する。ことばというものは、ことばのないものにとってはある意味で曖昧なものを、はっきりと区分する、そういう機能をもっているといえる。

色彩基本語

色彩基本語に立ち戻って説明しよう。色彩基本語とは、他の語からの転用などではなく、もともと色を表わす語で、なおかつ複合語ではないような色名のことをいう。

日本語でいえば、「アカ」ということばは赤の色にしか使わない、「アオ」も青の色にしか使わない。つまり色彩基本語と認められる。「アカ」は「あかるい」と同一の語源で、「くらい」の「クロ」の対語だ。「アオ」も語源は古い。諸説があるが、白に対立するものとして、白と黒の間に位置する「灰色」を含んだくすんだ中間色を指示していた。赤と青に、この白と黒を加えた四語が、日本語の色彩基本語だと言ってよいだろう。もちろん、何を色彩基本語と認定するかについて、議論の余地があるケースは少なくない。

日本語の「ミドリ」も今では緑の色にしか使わないが、歴史的に見るとすこし微妙だ。そもそも「ミドリ」は、新芽や若芽を表わす具体名詞だった。「ミズミズシ」と関係のある語と考えられている。新芽や若芽の色から、青と黄の中間にある緑色を表わすようになった。古代に緑色を表わすことばはなく「アオ」の一語である。「キ」も今では黄の色にしか使わないが、これもすこし微妙だ。色としての「キ」は奈良時代には用例がない。「黄土」も「赤土」も同じ色を示していたので「キ」は「アカ」に含まれていたと考えられる。「キ」は平安時代に単独の色として確立した。キという発音の語源には諸説がある。

「チャ」は、飲むお茶からきているので色彩基本語ではない。「ダイダイ」というのは橙、オレンジという食べ物からきている。「モモ」も桃からだ。「ムラサキ」はこれも微妙なところで、紫という草からとれる染料からきていると考えられる。

そうしてみると、先に結論したように、日本語は文化人類学的にいえば、色彩基本語を四つもっている言語だ、ということができる。

「色彩基本語の進化」についてはバーリンとケイがランドマークになるような本 *Basic Color Terms*（色彩基本語）(University of California Press, 1969)を書いている。いろいろな民族で調べると、色について二語しかない民族があるという。その二語は「明るい」と「暗い」にほぼ匹敵するような、そういうことばしかもっていない。しいていえば〈白〉と〈黒〉である。

色彩基本語が三語しかない民族もあるという。その場合は必ず〈白〉〈黒〉〈赤〉である。色彩基本語を四語もっている民族は、〈白〉〈黒〉〈赤〉に加えて、〈緑〉か〈黄〉が出てくる。この〈緑〉は青と緑を合わせたものだ。色彩基本語が五語の場合はその五色名がそろい、色彩基本語を六語もつようになってはじめて、〈緑〉と〈青〉とが別の色名になる。

こうした文化人類学的な知見が背景にあって、チンパンジーの色のカテゴリー知覚の研究をした。さらに生理学的な知見から、人間もチンパンジーも網膜の錐体細胞には三種類あることがわかっている。それぞれ長波長・中波長・短波長に対応する部分でもっとも感受性の高い錐体細胞である。この細胞の発火の総和として、色が知覚される。

以上のような文化人類学的知見と生理学的知見を背景にして、アイの研究に使う色名としては、まず赤、黄、緑の三つを選んだ。そして青、というように、できるだけ「色彩基本語の進化」説の基幹に近い部分から色名を増やしていった。こうすることが、色の名前を教えるときにチンパンジーの負担が少ないだろうと考えたからである。

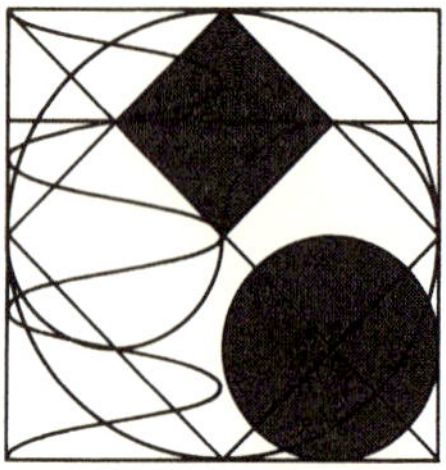

図53　9つの要素図形からできている図形文字

図54　左から，「赤」「青」「黄」を表わす図形文字

図55　図形文字と色と漢字

図形文字システム

アイ・プロジェクトで使った、図形文字システムのことも説明しておこう。

図形文字システムは、四角、丸、ひし形、黒く塗りつぶした丸、黒く塗りつぶしたひし形、斜め線、横線、縦の波線、横の波線という、九つの要素図形からできている(図53)。要素図形は、少数で、見かけができるだけ違っていて、左右対称のものもあれば、非対称のものも含まれるようになっている。これを二六歳のときに考えついた。

アイには、具体的には図54のような図形文字を見せて、「これが赤ですよ」「これが青ですよ」「これが黄色ですよ」ということを教えた。図55の図形文字と色と漢字は、意味内容としてはどれも同じ赤だ。アイは、見せられたものを、赤という実際の色で示したり、赤を表わす図形文字(シンボル)で示したり、漢字の「赤」という字(図形文字とは別のシンボル)で示すことができる。長年の勉強によって、アイにとっては、これらが等価になっている。

図形文字をつづる

アイはさらに、図形文字をつづることもできる。「アカ」ということばが「ア」「カ」という二つの音節からできていると分析できるのと同じように、赤を表わす図形文字は、ひし形と横線という二つの要素図形からできている。赤い色を見て、赤を意味する図形文字を選ぶ、あるいは赤を意味する図形文字を見て、赤い色を選べるチンパンジーが、赤を意味する図形文字の要素(ひし形と横線)を選び出してつづることができるかどうかを実験したことがある。

学習行動の用語でいうと、「象徴構成見本合わせ課題」である。意味をもつシンボルを、それ自身は無意味な構成要素を組み合わせてつくる課題だ。詳しく説明しよう。

実験は、色ではなくて物を表わす図形文字でおこなった。リンゴ、バナナ、イモ、キャベツ、固形飼料というような食べ物を表わす複雑な図形文字がある。それも先ほどと同じく九つの要素図形からできた図形文字である。

アイは、黒く塗りつぶしたひし形、斜め線、縦の波線という三つの要素を重ね合わせてイモを表わす図形文字をつづるということができた。リンゴなら、四角、丸、黒く塗りつぶした丸という三つの要素を選び出して、図形文字をつづることができた。5という数を表わすアラビア数字も知っているから、「五個の赤いリンゴ」という表現をつづらせることもやりたかったけれども、これは力尽きてやめてしまった。

この実験の背景には、「言語の二重分節性」という問題意識がある。

人間の言語は普遍的に二重分節性をもっている。文が、意味を担う最小単位である形態素で構成され、その形態素が、意味をもたない音素で構成される。そういう二段階を指して、二重分節性とよんでいる。そうした言語学的な説明を、チンパンジーが習得しているシンボルの体系にあてはめてみよう。

チンパンジーがレベル1のシンボル使用ができることはまちがいない。意味を担う最小単位として、数字や漢字や図形文字がある。それらをつなげて、「赤・鉛筆・5」というように、対象の色・物・数という属性を記述することもある程度まではできる。たぶんレベル3くらいまでは可能だと指摘した。

しかし、人間の言語とのアナロジーでいうと、数字や漢字や図形文字を、それ自身は意味をもたない要素(要素図形あるいは構成要素、漢字の一画に相当するもの)からつづれる、という段階の証明がほしい。そこで、九つの要素からなる図形文字を使って、要素を組み合わせることで図形文字をつづるという課題に挑戦したのだ。

二重分節性をもった言語をチンパンジーに教えようという意図のもとにこの実験をした。「一つの単語というのを要素から構成できるのか」という問いについては、要素から構成できるという証拠を出した。けれども、そこで、このラインでの研究はやめてしまった。つまり、「チンパンジーが二重分節性をもった言語を習得できるのか」という言語学的な興味に由来する問いについては、二重分節性の「半分」を実証した、という段階にとどまっている。

等価性が成り立っていない

色を見て漢字を選ぶ。色を見て図形文字を選ぶ。その逆に、漢字を見て色を選ぶ。こうしたことを、アイはできる。アイの子どものアユムもできる。他の二人の子どももできる。二〇〇〇年に生まれたアユムは、二〇〇四年になって数字の勉強を始め、二〇〇六年から漢字の勉強を始めている。毎日、この問題を勉強している。一回が五〇試行とすると、だいたい四分ぐらいで終わってしまう。正解するとチャイムが鳴って一片のリンゴ(八ミリ角)がもらえる。間違えるとブブーというブザー音が鳴って、ちょっと休みが入って、三秒間遅れて次の問題が出る。その三秒間の遅れがペナルティーといえばペナルティーになっている。井上紗奈さん、廣澤麻里さんとの共同研究である。

実験のポイントとして、色を漢字で表現する、漢字を色で表現する、という双方向の条件を、一日のなかで必ず両方やった。その順序も偏りのないようになっていて、色を漢字で表現する課題を、漢字を色で表現する課題より先にする日もあれば、後にする日もある。

この実験に入る前にまず、赤い色だったら赤い色を選ぶ、緑の色だったら緑の色を選ぶ、「赤」という漢字だったら「赤」という漢字を選ぶ、「緑」という漢字だったら「緑」という漢字を選ぶ、ということを訓練した。「同じ物を選びなさい」という同一見本合わせという学習課題だ。そうやって、それぞれの色や文字の区別をしっかり教えたあとに、突然、まったく無意味な、つながりの

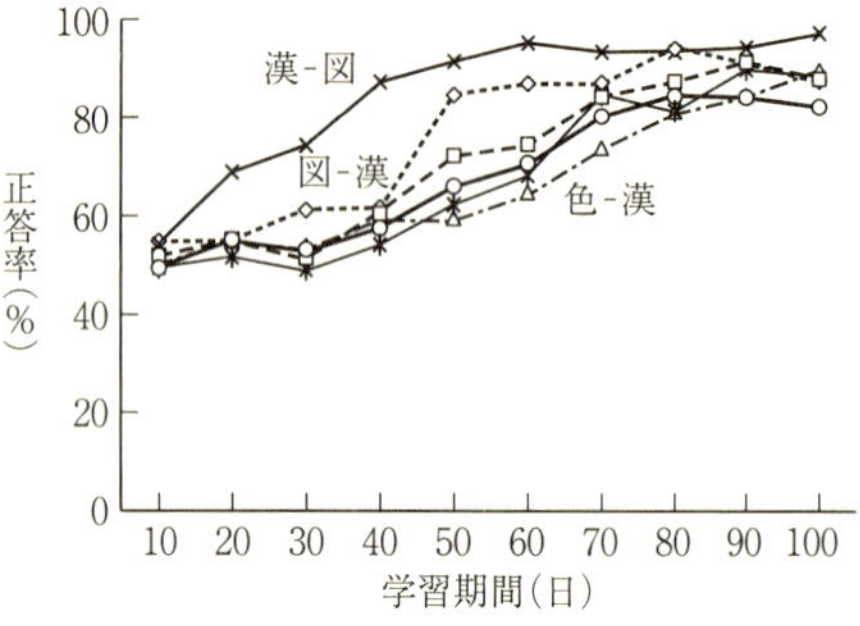

図56 アユムが図形文字，色，漢字の関係を習得した過程

ない関係を学習する。つまり、赤い色を見て「赤」という漢字を選ぶ。

図形文字と色と漢字の三つの要素がある。方向性も含めると、そこには六個の関係がある。その六個の関係を習得した過程を示したのが図56だ。二つの選択肢から選ぶから、正答率は五〇パーセント（偶然に正答するレベル＝チャンスレベル）から始まる。そこから徐々に成績が上がっていく。

図56から何がいえるだろうか。たとえば、漢字と図形文字の関係にははっきり表われているのだけれども、漢字を図形文字にコードすることができるのに、図形文字を漢字にコードできない期間がある。あるいは、赤い色を見て「赤」という漢字は選ぶのは一貫して難しい。「赤」という漢字を見て赤い色を選ぶ課題と等価ではない。

こういう実験をしようと考えたのには理由がある。

アイはたまたま、色を見て図形文字を選ぶということをずっと訓練してきた。それをずっとやっていて、ある日、思い立って、図形文字を出して、「これはどの色ですか」と選ばせたら、できなかった。ほとんどチャンスレベルに近いくらいできなかった。

この結果にはすごく驚いた。だって、アイは、何百色もあるマンセル色票を、正確に図形文字で表現できるのだから。それだけじゃなくて、図形文字が描かれた小さな札を持って散歩に行って、タンポポの花をつまんでタンポポの花を見せれば、ちゃんと図形文字で描かれた黄という意味の札を手渡してくれる。あるいは、こちらが聞かなくても、自分で積み木遊びをしていて、緑の積み木を取り出して、自分で「緑」という字が描かれた札を持ってくる。アイは、図形文字を自発的にも使う。それなのに、逆ができない。いろいろな色の積み木をアイの前に並べておいて、図形文字の描かれた札を見せて、「どの色ですか」と聞くと、非常にとまどう。

最初は、たんに経験が乏しいからとまどっているのかなと思った。しかし、どうもそうじゃない。本質的に、チンパンジーは「ことば」を覚えているのか、という疑問をもち始めたのはそのときだ。いわゆる類人猿の言語習得という研究に対する素朴な疑念の始まりだった。

ことばを獲得する過程で、最初、できないのは当たり前だ。学習していって、できるようになる。それはいい。でも、もしことばを覚えているのだったら、赤い色と「赤」という漢字が一体となって、同じ学習曲線を描かなくてはいけない。同じ日にやっているわけだから。ところが、これが乖離するということが見つかった。

これは、等価性が成り立っていない、一つの証拠だ。チンパンジーが単語を覚える、覚えると言っているけれど、覚える過程を見ると、実は人間のような単語の学習の仕方をしていない。等価性が成り立っていない。彼らが学んだことは、赤い色を見たときにこの字を選ぶということだ。そして、それとは独立に、この字が出たときには赤い色を選ぶということをやっている。

人間は「AならばB」ということを学ぶと、他のことをいっさい学んでいないのに、「BならばA」に違いない」と勝手に推論する。この推論は、論理的には間違っている。「AならばB」のとき、論理的には必ずしも「BならばA」ではない。「AならばB」のとき「BならばA」が成り立つのは、AとBが等価なときだけだ。人間の推論のほうが変で、チンパンジーは変じゃない。

チンパンジーもニホンザルもネズミもハトも、赤い色を見たら「赤」というシンボルを選べる。でも、「赤」というシンボルを見て赤い色を選べない。正確にいうと、これはシンボルとはよべない。なぜなら等価であることが証明されていないから。人間以外の生き物はみんなそうなのに、人間だけが、赤い色を見て「赤」というシンボルを選ぶと、「赤」というシンボルが赤い色と自然に結びついてしまう。まさに対象とシンボルのあいだの等価性が成り立っている。

チンパンジーにことばを教えてみて、等価性が実は成り立たないことに気がついた。ただし、アイのように、そうした学習を繰り返し双方向でおこなっていくと、単語についてははっきりと等価性が成り立つようになる。おそらく脳が三・二倍に成長するあいだにガンガン教えれば、単語のレベルでの学習は人間と同じようになるだろう。

ストループ効果で等価性を確かめる

アイがそうした厳しい訓練の末に習得した言語では、単語のレベルでは等価性が成り立っている。

それを示すために、ストループ効果という現象に着目した。

ストループ効果は、図57のように、色の名前を「その色名が表わす色とは違う」色で書いたものを見せて、「何色のインクで書かれているかを順に言いなさい」という課題で検証する。実際にやってみるとわかるが、上の段の左から「赤、黄、青、緑」と漢字で書いてあるのを見て、それぞれのインクの色（実際は「緑、赤、黄、青」）を言うのは難しい（岩波書店ホームページ内にカラーの図を載せるので試してみてほしい）。ストループ効果はすごく安定した効果である。どんなに訓練してもこの課題は非常に難しい。

ストループ効果は、人間は色情報と意味情報を同時並行処理をしているから生じると説明される。色の知覚として緑色だということと、文字の意味の赤ということが、両方同時に入ってきて、競合してしまう。いくら「片方を忘れて、もう一方だけ答えてください」と言われても、それがなかなかできない。

図57　それぞれの漢字は，その漢字が表わす色とは違う色で印刷されている

逆ストループ効果というものもある。「色は無視して意味だけ答えなさい」と言っても、色からの多少の干渉がある。でも、「意味を無視して色を答えなさい」のほうが、干渉の効果が大きい。干渉量に違いはあっても、同時並行処理をしているから、どちらもストループ効果が出ているわけだ。

アイは、漢字を見て色が選べる、そして、色を見て漢字が選べる、そういうチンパンジーだ。訓練すれば、チンパンジーは単語のレベルでは等価性が成り立って、言語を習得したといえる、その強い証拠は、ストループ効果が出ればいいのではないかと考えた。

かりに、英語を母語とする(漢字を知らない)外国人に文字の色を答えるように指示して図57を見せたら、「グリーン、レッド、イエロー、ブルー」とすぐに答えられる。なぜなら、文字の意味を知らないから。日本人は文字の意味を知っているのでストループ効果が出る。だから、チンパンジーがもし色の意味を知っていれば、日本人と同じようにストループ効果が起こるはずだ、意味を知らなければ、外国人にとっての漢字と同じものになるはずだ、そう考えた。

実際に調べてみると、アイは、ふつうに色を答える課題では、それぞれの色を〇・五〜〇・六秒で答えた。これがベースラインだ。それが、黄色い色の「赤」という漢字を出して、それを黄色と答える(具体的には、白い色でスクリーン上に描いた図形文字の中から、黄色を意味する図形文字を選ぶ)には、一秒近くかかった。それから、赤い色を意味する図形文字をつい選びそうになって、黄色を意味する図形文字のほうに修正する行動も見られた。どういう間違いをするか、どれだけ時間がかかるかで、ストループ量が測定できる。

こうして、アイにもストループ効果が確認できた。このことから、アイが学習した色名というのは、たしかに人間の色名と同じ機能をもっている、勉強を重ねていったチンパンジーが獲得したことばというのは、人間の言語と同じレベルにまで達している、と結論づけたい。

いろいろ説明すると、この研究には多少まだ難点がある。それは、「色を答えてください」と指示しているわけではないという点だ。実は、色を答えてもいいし、意味を答えてもいい、という課題になっている。背景となる試行でいつも色を図形文字で答えるようにしているので、色を答えるように仕向ける形になっている。そこのところが今一つ美しくない。自分自身が納得していないから、この結果はまだ学術論文として公表されていない。

この部分をなんとかアユムたちの世代で、複数のチンパンジーで証明したい。ちゃんとカラー・ストループ効果が出るということを証明できると、すごくインパクトがあるのになぁ、と思いながら研究を続けている。

記　憶

ここからは人間とチンパンジーの記憶の話に入ろう。

アイの息子のアユムには、最初の四年間、何も教えなかった。いつも、お母さんが勉強するそばにいて、じーっと様子を見ているだけだった。そして、四歳——人間の六歳、つまり小学校一年生——のときに、そろそろ勉強してもらうことにした。お母さんと同じように、コンピュータの画面上のランダムな位置にアラビア数字を出して、1から順番に触って答える課題だ。お母さんの隣の部屋に、同じコンピュータを用意すると、初日からいきなり触りだした。井上紗奈さんとの共同研究である。

四歳の勉強の一日目の第一テストは、1、2から教えた。なぜかアユムは2が好きで、2ばかり先に触った。1と2の形の区別はついている。でもなぜか、2のほうが好きで、ちょっと困った。

　その間、お母さんは、取り立ててどうということはなく、自分で勉強している。アユムは、いろいろと試している。けっこう賢いと思ったのは、1と2と二つの数字を両方一緒に触ってみたりもした。そうした悪戦苦闘はあったが、その日のうちに1、2の順番に触れることを学習した。かかった時間は三〇分である。

　翌日は1、2、3。それができたら1、2、3、4。毎朝、九時から九時半までの三〇分間、月曜から土曜まで半年やると、四歳半の時点で1から9までの数字を順番に指で触れられるようになった(図58)。1から9までの数字が画面のどこへ出ていても関係ない。この数字の順番を覚える課題は、チンパンジーが学習するなかで、いちばん簡単なほうの部類のようだ。その後、1から19までの数字の順番を勉強している。

図58　画面に出た1から9までの数字を順番に触るアユム(撮影：松沢哲郎)

　そういう数字の順序に関する知識をもとにして、五歳半のときに記憶のテストをした。先ほどとまったく同じ課題で、ただし、1を触ると他の数字がみんな消えて白い四角になってしまう仕掛けになっている。その状態で2〜9があったところを小さい数字から順番に触る。

すると、アユムは画面をパッと一瞬見ただけで1を触り、白い四角になってしまった2以降の数字をタッタッタッタッタッと順番に触っていく(これはぜひ動画で見てほしい。岩波書店ホームページ内に掲載する)。最初に1を触るまでの時間は、わずか〇・六秒である。ほとんどまちがえない。この速さ、この正確さでできる人間に、私は今まで会ったことがない。

同じ装置、同じ手続きで人間と比較してみた。といっても、人間はもう少しやさしい課題にしないとできないから、〇・六五秒、〇・四三秒、〇・二一秒の三段階の呈示時間にして、五つの数字が出てくるようにした。これなら、一生懸命やれば、なんとか人間にもできる。アユムのお母さんアイのデータもあわせて示したのが図59だ。

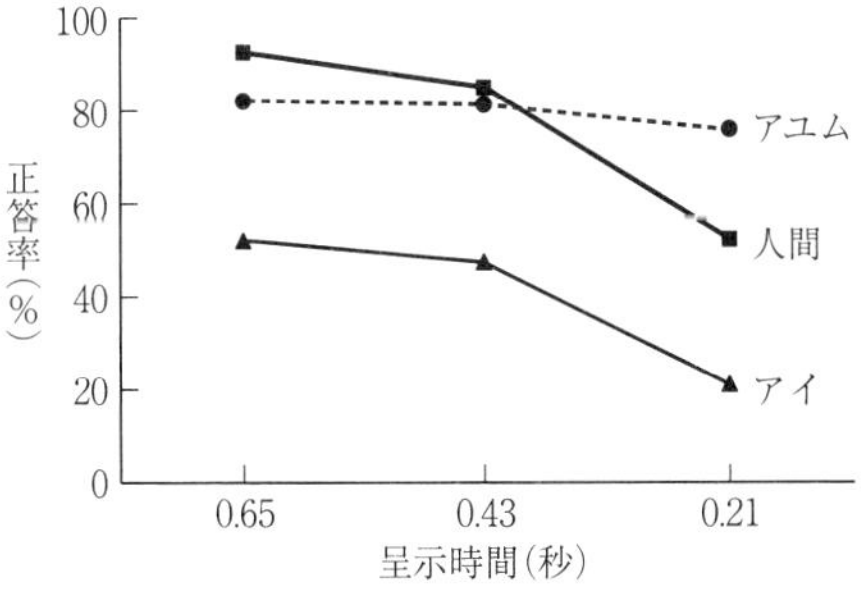

図59　5個の数字を覚える課題の成績

チンパンジーは、アイとアユムを入れた三組の母子が、二〇〇四年四月から同時に、だいたい同じ勉強をした。結果ははっきりと分かれて、三人の子どもは、みんなアユムのようで、三人の大人は、みんなできない。三人の大人のチンパンジーは、平均よりちょっとできない大学生と同じだ。そして、チンパンジーの子どもには、どの大学生も勝てなかった。

では人間の子どもでもやってみようということになり、年齢をほぼそろえて、九歳ぐらいの子どもでやってみたが、やはりできない。人間でわかっているのは、高機能自閉症とかアスペルガー症候群とよばれる子のなかに、こういう課題が得意な子がいるということだ。こういう直観像記憶をもつ子どもが、だいたい数千人に一人いるといわれている。

ある日こんなことがあった。アユムが、この数字が白い四角に変わる課題をやっているときに、外で物音がして、そちらに注意がいった。周囲を見回していて、最低一〇秒間は中断してしまった。それにもかかわらず、アユムは課題の続きを正確にこなした。一瞬見てわかるだけではなくて、一〇秒以上の中断をはさんでも、まだ記憶が保たれている。

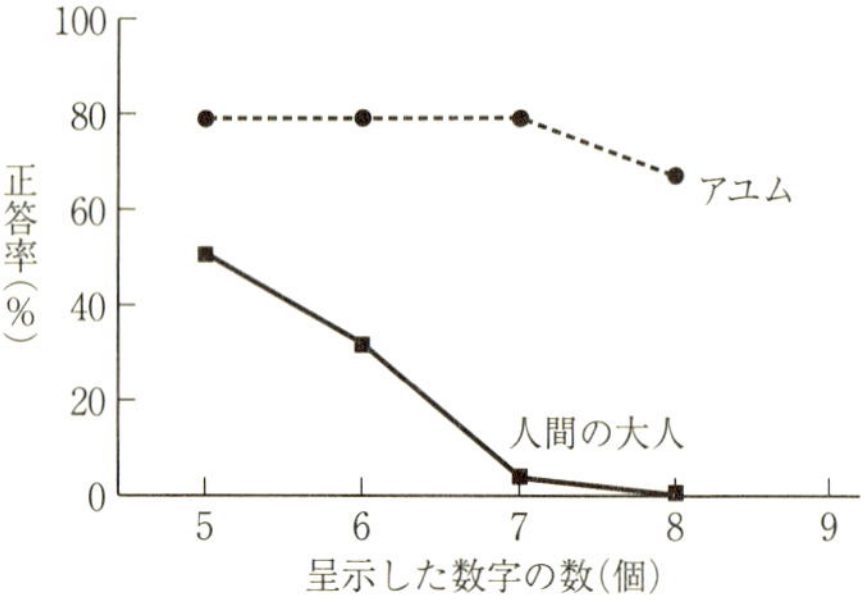

図60　0.21秒で，いくつの数字を覚えられるか

いくつの数字を覚えられるかについて、予備的な実験をしてみた。アユムと人間の大人の成績を比べたデータが図60だ。呈示時間は〇・二一秒である。人間の大人の被験者は私だ。私もアユムと同じくらいずっとこの課題を見つづけてきた。並みの大人よりは良い成績をとる自信がある。それでも七個も八個もの数字を一瞬で記憶するのはとても難しかった。でも、アユムはできる。

数字を一瞬で記憶する一連の比較研究から、「チンパンジーのほうが人間よりも記憶課題で優れている」ということをはじめて示した。

①一瞬見て何個まで記憶できるか、②どれぐらい短い時間で記憶できるか、③どれぐらい長い時間、記憶を保てるかという、三つの指標で記憶を測る枠組みをつくったということが、長い目で見たときに、この研究がもっている意義といえる。

今はまだ人々が結果に驚いている段階なのだけれども、ほんとうは課題を考えついたことがすごく重要なのだ。なぜなら、アラビア数字だから、国を越えて誰でも使える。子どもにも、大人にも、老人にも使える。脳に損傷を負った患者さんや、アルツハイマーの患者さんにもできる。

三つの指標について具体的にアユムの結果を示す。一瞬というのを〇・二一秒の呈示時間とすると、八個まで記憶できる。どれぐらい短い時間で記憶できるかというと、五個の数字を呈示する条件で〇・〇六秒まで短くしても五〇パーセントの正答率だった。どれぐらい長い時間、記憶を保てるかというと、今のところ、一〇秒は保てるとしか言えない。

一〇秒以上保てるかどうかを調べるのは難しい。なぜかというと、チンパンジーに「待て」と言うのが難しいからだ。待たせることはできるけれど、とても嫌がる。じーっとおとなしく待ってくれない。

別の研究で三二秒まで待たせる過程を入れた研究をしたことがある。藤田和生さんとの共同研究だ。そうすると、学習に対するモチベーション自体がいちじるしく下がってしまった。モチベーションが下がったので成績が悪くなったのか、記憶自体が悪くなったのか、見分けがつかない。高いモチベーションのまま、どれくらい長い時間、記憶を保てるのかについては、それを調べる実験の枠組みが見つからない。だから、今のところ、これ以上のデータが出せない。

トレードオフ仮説

こうした直接的な記憶、いわゆる直観像記憶が、チンパンジーの子どもにあって、人間にはない理由をどう説明したらよいのだろうか。私は「トレードオフ仮説」という説明を考えた。

昔、人間とチンパンジーの共通祖先は、こうしたことができた。チンパンジーは、それを色濃く残した。人間は、人間になる過程で直観像記憶を失って、その代わりに言語を獲得した。記憶と言語のトレードオフだ。

どうして直観像記憶がチンパンジーで色濃く残っているかというと、適応的な利点が二つ考えられる。一つは、群れと群れが出会ったときに、茂みがガサガサといった瞬間、どこに誰がいるのか、何人いるのか、そういうものをすばやく見つけることには適応的な意味がある。もう一つは、たとえばイチジクの木にたどりついたとしよう。赤い実がどこにあるのか、一位、二位、三位、四位の男性はどこにいるのか、そういうものを一瞬にして見てとることは、自分が食べられる枝の先へ到達するうえでとても重要なことだ。

それに対して映画『レインマン』に出てくるダスティン・ホフマン演じる自閉症者が、床にばらまかれたマッチの数を正確に言い当てる能力は、適応的な意味が必ずしも自明ではない。目の前をパッと通り過ぎた生き物のことを、額が白で、前足が黒で、背中が茶色で……と覚えるよりは、

「シカ」というシンボルとして覚え、そのシンボルの記憶をコミュニティへ持って帰って「シカを見た」と言ったほうが、体験を仲間と共有できる。

どんなに直観像記憶があっても、その体験を他者と共有できない。だから人間は、言語というものを生み出す過程で、瞬間的な直観像記憶を失った。どうして失うかというと、脳の容量が決まっているからだ。

コンピュータだったら、新しい機能を付け加えるには、新しいモジュールを増設すればいい。でも、脳の場合は容量が決まっているから、何かを捨てる必要がある。運動能力や嗅覚を失ったのと同じように、瞬間的な直観像記憶を失うことによって、逆にシンボル、表象、言語というものを得たのだろう。

どこでトレードオフが起こったかというと、たぶんホモ属が出現する二五〇万年前くらいだろう。ホモ属が出てきたところで脳の容量が四〇〇ミリリットルぐらいから一気に八〇〇ミリリットルぐらいに増えた。たぶんその頃に、人間的な子育ての方法も始まり、石器も作るようになった。人間的な子育てをするということは、母親だけでなく複数の大人たちが協力して、複数の子どもたちを同時に育てるということだ。コミュニティの中での利他行動や協力や役割分担が必須になる。そうした場面では言語が役に立つ。なぜなら、一瞬見たものにラベルを貼って、「シカ」なら「シカ」という認識をコミュニティに持って帰って、「シカを見たぞ」「さぁ、みんなで捕まえに行こう」というような意味内容を伝えられるからだ。

人間とは何か。共同した子育てに特徴がある。

人間とは何か。言語を獲得した。

子育てと言語、その二つを結びつけるキイワードが、情報を共有するという人間の暮らしのなかにあると思うようになった。

言語の本質は、携帯可能性にある。情報を持ち運べる。経験を持ち運べる。それが言語の適応的な意義ではないか。経験を持ち運んで、他者と共有する。こうした利点の理解が、この記憶と言語のトレードオフ仮説の根幹にある。

第八章　想像するちから——絶望するのも、希望をもつのも、人間だから

人間とは何か。さまざまな視点から考えてみた。チンパンジーの子どもたちには、人間の大人より優れた記憶能力があることもわかった。では、人間を他者と区別するもっとも大きな特徴はなんだろうか。究極的にいえば、それはイマジネーション、想像するちから、ではないかと思うようになった。

チンパンジーの描く絵、人間の描く絵

チンパンジーは絵を描く。色を選ばせると、自分で適当に色を選ぶ。まずはチンパンジーたちが描いた絵を見ていただきたい。図61(a)はチンパンジーのアイのなぐりがきだ。けっこう素敵で、気に入っている。荒々しい筆遣いがいい。(b)はカンジというボノボが描いた絵。カンジだって似たようなものを描いている。(c)はココとい

図61　チンパンジーやボノボやゴリラが描いた絵：(a)チンパンジーのアイ，(b)ボノボのカンジ，(c)ゴリラのココ，(d)チンパンジーのワシュー（提供：aは松沢哲郎，bはスー・サベージ＝ランバウ，cはフランシーヌ・パターソン，dはデボラ＆ロジャー・ファウツ）

うゴリラが描いた。これを見て、花という手話サインをしたという。(d)は、ワシューという有名なチンパンジーが描いたもの。ワシューもこれを描いたら何か手話で言ったはずだ。

しかし、基本的にはみんな同じで、チンパンジーは具象物を描かない。

チンパンジーは、食べ物のような報酬がなくても絵を描く。あらかじめ白い紙に丸を描いておくと、それをなぞる。そこまでは私の研究である。そこで、齋藤亜矢さんという大学院生がとても面白い検査を思いついた。丸をなぞるんだったら、似顔絵はどうかと考えた。

チンパンジーの似顔絵を与えてみると、やはり顔の輪郭をなぞった。

片目がない絵とか、両目がない絵とか、輪郭のみとか、いろいろなバリエーションの似顔絵で七人のチンパンジーにやってもらった。すると、基本的にはなぐりがきをするか、輪郭をなぞった(図62(a))。

ところが、三歳二ヵ月の人間の子どもに、まったく同じことをやってもらうと、そこにないものを描き込んだ。目を描き入れる。二歳までの人間の子どもは、チンパンジーと大差はない。それが、三歳を超えると、図62(b)のような絵を描く。さて、これを、どう解釈したらよいだろう。

たぶん、チンパンジーはそこにあるものを見ている。一方、人間はそこにないものを考える、と私は解釈した。そうだとわかると、先ほどのチンパンジーの子どもが示した優れた記憶がぜんぜん不思議ではなくなる。チンパンジーは、目の前にある、そのものを見ているのだ。たとえ一瞬とはいえ、たしかに目の前に出てきた。それを一瞬でしっかり見ている。人間はそうではなくて、そこにないものに思いを馳せる。「おめめがないよ」と言う。そこが大きな違いなのだ。

(a) チンパンジー　(b) 人間(3歳2ヵ月)

図62　チンパンジーの描く絵，人間の描く絵(提供：齋藤亜矢)

チンパンジーは絶望しない

そう考えると、もう一つ思い当たることがあった。

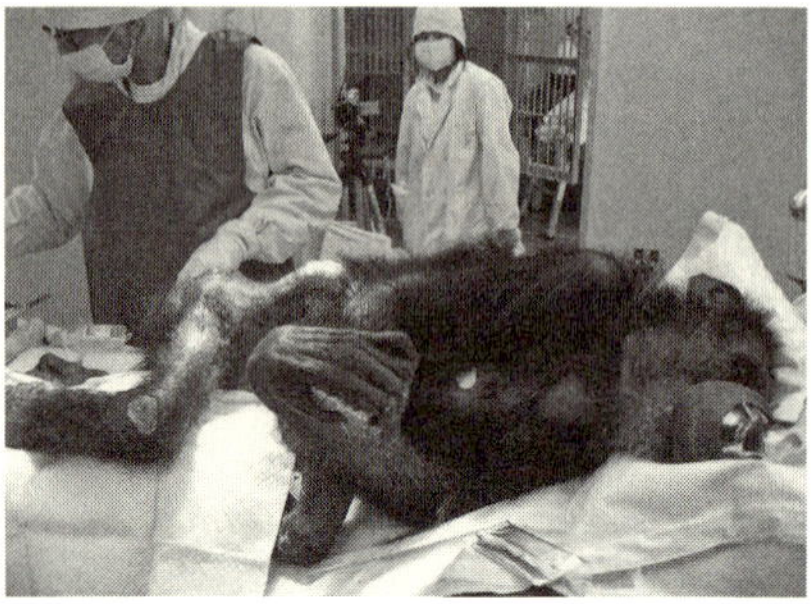

(a)寝たきりで看護されるレオ(2007年)

(b)上肢でぶら下がって立てるようになった(2008年)

図63　2006年9月に首から下が麻痺したレオの回復経過(提供：霊長類研究所)

二〇〇六年九月二六日に、霊長類研究所にいるレオという当時二四歳の男性チンパンジーが、突然、首から下が麻痺した。診断は急性脊髄炎《せきずいえん》だった。さっそく、渡邉祥平さん、兼子明久さん、渡邉朗野さん、宮部貴子さん、林美里さんといった若い教員や獣医や飼育員が、大学院生たちをうまく組織して、レオのために、一日二四時間の看護態勢を敷いた。

こうした若人たちのボランティアのおかげで、かろうじてレオの命は支えられた。しかし、レオはぜんぜん動けない。そうすると、ひどい床ずれになる。腰や膝の皮膚が破れ、膿《う》み、骨がむきだしになるほどのひどい床ずれだ（図63(a)）。五七キロあった体重も三五キロにまで減った。痩せ細って床ずれで寝たままの彼の姿を見て、もしこれが自分だったら、とても我慢できないだろうと思った。

痛みの辛さに耐えられないのではない。「このまま生きていてもしょうがない。自分はどうなってしまうんだ?」というような心境になるだろう。将来に対する希望がもてず、ただ絶望感にさいなまれるだろう。

でも、このチンパンジーは、私であれば生きる希望を失うというような状況のなかでも、まったく変わらなかった。めげた様子が全然ない。けっこういたずら好きな子で、人が来ると、口に含んでいた水をピュッと吹きかける、なんてこともする。キャッと言って逃げようものなら、すごくうれしそうだ。

神様のご加護があったのだろう。レオの病状は徐々に回復して、上肢でぶら下がって立てるようになった(図63(b))。足も動くようになった。ヨチヨチとペンギンのように歩いている。どんどん回復していることを喜びたい。

想像する時間と空間の広がり

このレオの事例を見て、思い当たった。人間とは何か。きっと「想像する」という部分が違うのだ。「想像する」ということが人間の特徴だと思った。

チンパンジーは、「今、ここの世界」に生きている。だからこそ、瞬間に呈示された目の前の数字を記憶することがとても上手だ。しかし、人間のように、百年先のことを考えたり、百年昔のことに思いを馳せたり、地球の裏側に住んでいる人に心を寄せるというようなことはけっしてしない。

もっと短い時間・空間範囲でなら、チンパンジーも想像することはある。道具を用意してからシロアリ釣りに向かうとか、種割りをする前に台石の向きを調整して水平になるようにするとか、短い時間の範囲では当然未来を予測する。でも、その広がり方は、一年先の収穫を見越して田植えをするというようなものではない。想像する時間と空間の広がり方が違う。それが私のとりあえずの結論だ。

今ここの世界を生きているから、チンパンジーは絶望しない。「自分はどうなってしまうんだろう」とは考えない。たぶん、明日のことさえ思い煩ってはいないようだ。

それに対して人間は容易に絶望してしまう。でも、絶望するのと同じ能力、その未来を想像するという能力があるから、人間は希望をもてる。どんな過酷な状況のなかでも、希望をもてる。

人間とは何か。それは想像するちから。想像するちからを駆使して、希望をもてるのが人間だと思う。

長めのエピローグ――進化の隣人に寄り添って

チンパンジーという存在の丸ごと全体を知りたいと思って研究してきた。そうである限りは、チンパンジーという存在そのものに、自分の人生が寄り添っていく必要があるだろう。

冒頭で「心に愛がなければ、どんなに美しいことばも、相手の胸に響かない」ということばを紹介した。対象に対する愛着をもたない研究に、どういう意味があるだろう。対象に対して、ある意味で深い愛着をもつ。愛着が研究を推進し、それに支えられて研究は続く。

そうであれば、当然、チンパンジーという対象に対して、研究以外にしなければいけないことがあるはずだ。

野生の生息地でいえば、保全を推進するということである。飼育下の対象についていえば、福祉の向上、生活の質を高めることだ。福祉や保全を含まない研究は、絶滅の危機に瀕したものを対象にする限り、ありえないと思う。

飼育下で

霊長類研究所には一四人のチンパンジーがいるとお話しした。一九七六年に私が来てから、今まで徐々に三世代の群れづくりをしてきた。チンパンジー一人だけ、というのには無理があるからだ。社会的な集団のなかで暮らすということがチンパンジーにとってはいちばん大切なことで、一人だけ取り出してエンターテインメント・ビジネスに使ってはいけない。それと同じように、チンパンジーを一人だけで暮らさせてはいけない。

遠い将来までシミュレーションして、誰と誰のあいだに子どもをつくって、だいたい群れを一五から二〇個体のあいだでキープしよう、というようなことを考えている。だが、ほんとうは男女比を一対二ぐらいにしなければならないのだが、小集団で予測すると、最終的にはどうしても一対一に近づいてきてしまう。

振り返って一九六八年には、霊長類研究所に最初に来たチンパンジーのレイコに、まだ人々は子ども服を着せるなんてことをしていた。今から思うと恐ろしいことに、レイコは最初、一メートル四方程度の大きさのケージで飼育されていた。私が来たときになって、ようやく広い運動場にチンパンジーが一人ポツンといるというような状況になった。

一九八六年にアフリカに行き始めたのがきっかけになって、環境エンリッチメントに腐心した。当時、チンパンジーの運動場は殺風景だった。アフリカの森に比べると、高い空間、三次元的な空間が利用できなくて貧弱だなぁと思った。それで、タワーを自力で建てた。飼育を担当する熊崎清則さんと一九九二年に一緒にアフリカに行き、認識を共有できたのが大きい。

運動場にタワーが立つと、それまで地面の上しか歩いていなかったチンパンジーが上にあがるようになった。これはいいなというので、もっとタワーの数を増やしていった。

第六章でお話ししたように、新たな施設を作るときには、最初から高いタワーを建て、タワーのあいだにはロープを張りめぐらした。運動場には、流した水をポンプで汲み上げる還流式の小川も作った。それが一九九五年のことだ。さらに、木を植えても大丈夫だということがわかったので、木を増やした。タワーも、最初は八メートルだったのを、一九九八年には倍にしようと一五メートルの高さにした。

自分の研究が進むということが、飼育環境を豊かにするということとつながっていった。そういう試みがある意味で評価されたのだろう。現在では、日本国内の一四施設や、イギリス・韓国といった国外でも、こういった高いタワーをもった飼育環境が整いつつある。

日本で飼育されているチンパンジー、ゴリラ、オランウータンは、どれも数がピークを過ぎて減っている。現在、個体数はそれぞれ三三五、二四、四九だ(二〇一〇年一二月現在)。ゴリラが最悪で、二〇歳以下が二人しかいない。ゴリラは、正直いうと、どうやってもちょっと無理だというところに来ているのだけれども、チンパンジーのほうは、個体数が三三五あるから、うまくやればまだなんとかなる。

でも、国内に五〇ある飼育施設のうち、個体数が三人までの施設が全体の約半分を占める。二人といっても、男性・男性とか、女性・女性というケースもある。これでは繁殖のしようがない。

そういうわけで、SAGA《サガ》(Support for African/Asian Great Apes)という有志の集いをつくって、

大型類人猿——ゴリラ、チンパンジー、オランウータン——の自然の生息域を守るとともに、日本国内での飼育の状況を改善していく活動を始めた。研究者、動物園の人、自然保護団体の人、役所関係の人、メディア、一般の人を集めて、毎年一回、集いをおこなっている。

実は、チンパンジーは二〇〇六年一〇月まで医学実験に使われていた。C型肝炎や、マラリア、エイズ、エボラ出血熱といった感染症は、人間とチンパンジーしか罹らない。人間で実験できないとしたら、チンパンジーでしか実験できないという理由で、チンパンジーをいわば感染実験に使っていた。アメリカだけは、まだそれを続けている。

一九九八年に、チンパンジー一二〇人をもつ製薬企業の施設でC型肝炎の遺伝子治療が試されようとしていた。健康なチンパンジーにC型肝炎ウイルスを感染させ、C型肝炎を発症させてそれを遺伝子治療する計画だった。それはやめてください、ということをSAGAで要請した。八年かかったが、そういう医学的侵襲実験は廃絶された。

しかし実験が中止になると、医学実験に使われていた、もう行き場がない余剰個体が出る。そこで、京都大学が施設の運営を引き受けて、チンパンジーの群れづくりを進め、彼らを国内の動物園に再配置した。一人や二人しかいない動物園に送り出すことで、余剰個体が減っていく。そういう努力を、伊谷原一さん、鵜殿俊史さん、森村成樹さん、藤澤道子さんたちが続けている。

二〇一〇年一一月三〇日、ついに全施設・全チンパンジーが京大に寄付され、京大がすべての責任をもつことが決まった。二〇一一年八月一日を期して、京都大学野生動物研究センター（伊谷原一センター長)の「チンパンジー・サンクチュアリ・宇土(CSU)」として出発する予定だ。
これからも、国内のチンパンジー三三五人を幸せにするような将来をめざして努力したい。

野生の生息地で

野生の生息地でも、チンパンジー、ゴリラ、オランウータンのどれも数が減っている。原因は三つある。

一番目が森林伐採。住む場所がなくなり、食べ物がなくなって、数が減る。現地の人が森をどんどん伐って焼き畑をする。それはまだいいとして、欧米や日本の資本の巨大な木材会社が大規模に伐採する。日本の場合には、主に東南アジアとか北米から木材が来る。ヨーロッパ向けには、アフリカから紙や建築資材として木材が輸出されている。

二番目が密猟。ゴリラやチンパンジーを撃って捕って食べてしまう。オランウータンは、アブラヤシのプランテーションに出てくるために、撃ち殺す。アフリカでいうと、まずゾウがいなくなって、次にゴリラがいなくなって、次にチンパンジーがいなくなる。要は大きいほうから順番にいなくなる。タダで手に入る肉だからだ。

ボッソウでは、この三五年のあいだに二回、跳ね罠という、小動物を捕まえる針金で作った罠で、チンパンジーが怪我をする事故が起きた。その罠に入り込むと、押し曲げてしなった木がパーンと跳ね上がって、針金がグルッと手や足に巻きついて肌にギューーッと食い込む。針金だ。想像したらどれくらい痛いかわかるだろう。二〇〇九年の事故では、五歳の女の子ジョヤの中指、薬指、小指に針金が巻きつき、小指の先が切れ落ちた。

三番目が病気、感染症。人間の罹る病気はみんな、チンパンジーも罹る。ポリオが村ではやるとそれがチンパンジーにうつり、チンパンジーがエボラ出血熱になるとそれが人間にうつる。すべての病気が、双方向に伝染する。

緑の回廊プロジェクト

ボッソウのチンパンジーは、二〇〇七年と二〇〇九年に赤ちゃんが生まれた。二〇〇九年に生まれたジョドアモンは一歳になる前に亡くなり、群れの人数は一三人になったが、二〇〇七年に生まれたフランレは、今も元気に育っている。しかし、どこか変なのだ。よく見ると、指が六本ある(図64)。

多指症というのは、人間ではさまざまな原因で起こることがわかっている。一つの原因としては、集団内の血縁が濃くなると出てくる。私が見ている二五年間、よそで生まれた女性がボッソウの群れに入ってきていない。おそらく、血が濃くなっていると考えられる。

このボッソウのチンパンジー生息地の東側には、ニンバ山という世界自然遺産の山がある。そこにもチンパンジーがいる。広さから見て、たぶん三〇〇人くらいいそうだと推定している。ボッソウとニンバを隔てているサバンナに植林して二つの生息地をつなぐ「緑の回廊」というプロジェクトを一九九七年から続けている。生息地がつながれば、二つのチンパンジー・コミュニティの交流が期待できる。タチアナ・ハムルさん、大橋岳さん、森村成樹さんたちとの取り組みだ。

緑の回廊プロジェクトでは、苗木をつくって、サバンナへ持って行って植える。そのときに、自動車でヘキサチューブというポリプロピレン製のチューブを運ぶ。チューブは上から見ると六角形になっていて、温度・湿度を一定に保ち、ヤギやヒツジの食害から苗木を守って、風で倒れるのを防ぐというアイデアだ。これを三五〇〇本立てた。苗木がうまく根づくと、一年で一・四メートルを超えてすくすくと伸びる。

一九九七年からやっていて、すでに森林に戻っているところもある。われわれが五メートルおきに植えたウアパカという種類の木と、風や鳥が運んできた実から生えた木でできている森だ。

ところが、二〇〇七年一月四日に、野火が起きた。乾燥したサバンナなので、火がついたらひとたまりもない。バーッと燃え広がってしまう。野火には二種類あって、自然に起きる野火と、悪意があって燃やしてしまう人による野火がある。

しかたがない。一〇メートルだった防火帯を二〇メートルに広げて、またやり直している。植え続けることが、なによりも大事だろう。

苗木だけでなく、挿し木も使う。大橋岳さんのア

図64　2007年生まれのフランレ（提供：朝日新聞社，撮影：竹谷俊之）

イデアだ。畑に小動物が入らないように木の枝で柵を作って守っているのを見ると、枝のなかに芽吹くものがある。挿し木が機能するということが経験的にわかっていて、たくさんの樹種で調べてみると、ゲイブナという挿し木が根づく割合が高いことがわかった。それで、一五二三本挿し木して、そのうちの八九一本、五八・五パーセントが一ヵ月後に定着した。

さらにもう一つの工夫。苗木をつくってサバンナに持って行くと、すぐに枯れてしまう。当たり前のことなのだが、毎日水をやって大事に育てた苗木はひ弱で、カンカン照りのサバンナに移すと、いくらヘキサチューブで守っても、枯れ死ぬことが多いのだ。そこで、発想を転換して、サバンナにいきなり苗床をつくり、そのままそこに放置するという方法を大橋さんが考えついた。ハンガーというあずまやをつくって、そこに苗床をつくる。最初何もなかったところが、今だんだん、小さな林に戻ってきた。

そういう植林とは別に、お手洗いもつくった。ボッソウ村は、数年に一度、コレラで村人が三、四人死ぬ、そういう村だ。村人はトイレがないから森へ入って用を足す。人が用を足したあとに、チンパンジーが通りかかることになるので、どうしても病気がうつる。ボッソウのチンパンジーの腸内細菌叢を調べると、あまりきれいでなくて、人間の腸内細菌と同じものをかなり持っているということがわかっている。だから、トイレを二三ヵ所つくった。半分は、イギリス大使の寄金によるものだ。ケンブリッジ大学の学生研究者を引き受けているご縁である。

小学校もない。緑の回廊の行き先のセリンバラ村に小学校がない。そうすると、子どもたちが延々四キロの道を歩いてボッソウまで来なくてはならない。そういう状況を改善するために、小学校を建てた。約三〇万円あると三クラスの小学校が建つ。トタン屋根、セメント、クギ、扉、窓だけ買えば、あとは土で日干し煉瓦を作って、父兄が校舎を建ててくれた。

二〇〇九年に、親友の松林公蔵さんを連れてボッソウへ行った。松林さんはフィールド医学という新しい学問をつくっている人だ。医学的な研究――彼の場合は老年病学、加齢の研究――をするのに、老人に病院に来てもらうのではなくて、老人が住んでいる場所を医者が訪問する。そういう学問をしている。医者は、首都から千キロ離れた僻地の村人にとって、もっともうれしい存在だ。松林さんのような方にも来てもらい、総力戦で、なんとか現地の人の助力を得ながら、チンパンジーと、彼らの住む森の保全活動を進めている。

こういった活動について知ってもらうために、フランス語と英語と日本語でパンフレットをつくって、寄付を募っている。ギニアには一〇の部族がいて、一〇の言語がある。フランスの植民地だったから公用語はフランス語なのだが、小学生はフランス語ができないから、現地の人に現地のマノン語で、パンフレットを使って説明してもらう。そのために絵本もつくった。中学校では、私自身がつたないフランス語でビデオも駆使して環境教育をしている。

アフリカの子どもたちの瞳は輝いている(図65)。親もすごく教育に熱心だ。だから、こういう努力を続けていけば、アフリカにも将来があるだろう。次の時代を担う若者がアフリカに育つ。彼らが森を守り、彼らがチンパンジーを守る。

図65　ボッソウの子どもたち（撮影：松沢哲郎）

そんな未来を思い描きながら、チンパンジーの研究を続けていきたい。

二〇〇九年の暮れから二〇一〇年の初めにかけて、例年のごとくボッソウに行ってきた。いつもは学生を連れていくのだが、そのときは直前に学生やメディアの同行をキャンセルした。

その一年前に、二四年間君臨していたランサナ・コンテ大統領という独裁者が亡くなり、無血クーデターがあったのだ。軍が実権を掌握して、大尉のダディス・カマラという人が臨時大統領になった。ところが、そのダディス・カマラさんが、二〇〇九年一二月三日に頭を撃たれて瀕死の重傷を負った。そういうところに学生を連れて行くのは、さすがに非常にはばかられる。だから一人で行った。

私一人で行くなら、自分のことはなんとかできる自信がある。もし万一、私がどうにかなったとしても、そう影響はない。久しぶりに、ボッソウでロウソクだけの生活をした。そこでチンパンジーを観察しながら、性懲りもなくまた木の世話をして過ごした。

もともとの緑の回廊の構想は、三〇〇メートルの幅で四キロにわたる緑地帯をつくろうというものだ。五メートルおきに植えると、四万八〇〇〇本必要になる。毎年八〇〇〇本から一万本ぐらい用意して、それを植える。定着率が約二五パーセントなので、四本に三本は枯れてしまう。だから、四万八〇〇〇本の四倍、約二〇万本を植えないと緑地帯にならない。

こう計算はできる。でも計算して、いくらやっても、野火が入って燃えてしまう。

シジフォスの神話というのがある。ギリシャの神話で、岩をガガガガッと坂のてっぺんまで持って行くと、ゴロゴロゴロッと下に落ちてしまう。そして、またガーッと持ち上げる。「これはシジフォスの神話だよなぁ」と思いながら植えている。

『木を植えた男』という本がある。一人のおじいさんが自分で杖をついて、樫の木を一本ずつ植えていく。やがてそれがちゃんと育って、南フランスのエクサンプロバンスの森が回復したというお話だ。けっこうその話が気に入っている。とにかく一本ずつ植えていきさえすればよい。

そうした努力を続けていけば、いつの日か、サバンナもきっと緑の森になるだろう。

＊この本の印税は、緑の回廊プロジェクトに全額寄付されます。
インターネットで「緑の回廊　チンパンジー」と検索して、
プロジェクトのウェブサイトもぜひ訪れてください。
また、このプロジェクトでは植樹の費用を必要としています。
ご協力いただける場合は、次の口座に寄付をお願いします。
ゆうちょ銀行　振替口座
００８３０―１―５５４３２
緑の回廊

あとがき

遺書のつもりで書いた。

おおげさな物言いで、気恥ずかしく恐縮の極みだが、そう覚悟して取りかかった。これまでに和英の著書や論文をいくつも書いてきた。どの一冊、どの一篇にも、深い思い出がある。しかし、思い入れという点では本書がひときわ深い。

還暦を迎えた。ここまで生かされたことの重みを思う。いただいた命でつむいだものを何か残したかった。たくさんの方々のおかげがあって、チンパンジーの心の研究が成り立っているからだ。

そうした本書誕生の経緯を記して「あとがき」としたい。

二〇〇〇年にアイが息子のアユムを産んで、チンパンジーの心の研究は新しい時代に入った。それ以降のようすは、岩波書店の『科学』という月刊雑誌で、連載というかたちでお伝えしてきた。共同研究者たちと毎月リレー連載したものが一〇〇回を迎えた。それを記念して、『人間とは何か——チンパンジー研究から見えてきたこと』(岩波書店、二〇一〇年)という編著にまとめた。

『人間とは何か』は本書の姉妹書である。数えてみたら五四人の著者がいる。チンパンジーの心の研究の多様な展開を知ることができる。

それに対して、自分一人だけの視点から、自身が深く関与した研究のみを素材にして、「人間とは何か」という問いに答えようとしたのが本書である。

還暦を意識するころ、自覚的に準備を始めた。幸い、講演や講義を通じて、自分の得た研究成果や独創を語る機会に恵まれている。そこで、知見の断片を切り出すのではなく、自分が感得したことを包括的に伝えるくふうを重ねてきた。

「心」「ことば」「きずな」、それが本書の扱うべきテーマである。人間の本性について、チンパンジーたちから学んだことを、ひとつのストーリーと全体観をもって語ろうと努力した。

二〇〇九年の初頭に、旧知である北海道大学の松島俊也先生から、一年先の集中講義のお誘いを受けた。これだ、と思った。その時点で、講義録をもって本書をつくることを決意した。出版社も決めず、本をつくることをまず先に決めたのである。

ご縁があって、岩波書店の濱門麻美子さんが担当してくださることになった。

そこで、二〇〇九年一〇月四日に東京大学で開催した、寄附講座・比較認知発達(ベネッセ)研究部門の講演会に来ていただいた。

こういう話の本を書きたいのです。お願いできますか。

本書の概要にあたるストーリーを、講演というかたちで、聴衆の一人である濱門さんに紹介した。

二〇一〇年一月二八・二九日に、北海道大学で、理学部集中講義と公開セミナーをおこなった。パワーポイントで詳細な講義資料を用意した。濱門さんにそのすべてを受講し録音していただいた。

それらの記録をもとに本書を構成した。

なお、本書では引用文献をすべて割愛した。本文で紹介した研究の学術論文リストは、岩波書店ホームページ内に掲載することとした。関心のある方は、ぜひそちらをご覧いただきたい。

最後に、謝辞を述べさせていただく。

本書のもととなった研究は、すべて文部科学省ならびに独立行政法人日本学術振興会の支援による科学研究費（通称、科研費）によるものである。とくに、一九九五年度からは、「特別推進研究」として四期連続の助成を受けている。こうした国費による支援がなければ、本書の研究はありえなかっただろう。アフリカと日本の双方を舞台にして、チンパンジーの心のまるごと全体を究明することができた。

友永雅己、田中正之、林美里、足立幾磨、伊村知子、平田聡、山本真也の諸氏に感謝したい。京都大学霊長類研究所の、思考言語分野、国際共同先端研究センター、比較認知発達（ベネッセ）研究部門、ボノボ（林原）研究部門、というわたくしの関与する四つの部署で、准教授ないし助教という立場にあった方々である。現実には、共同研究者としての彼らが、それぞれの視点からユニークなチンパンジー研究をおこなっている。その日々の支援がなければ、教育・研究を継続しつつ、所長の職は務まらない。

一年三六五日、チンパンジーの世話をしてくださる飼育員や獣医師、研究の下支えをする技術職員・事務職員の方々もいる。紙幅のつごうで、すべての方のお名前を挙げることはできない。お一人だけ代表して、秘書の酒井道子さんに御礼を申し上げたい。年々増大する一方の事務を、多年にわたってこなしていただいている。

アフリカでの研究は、ギニアの高等教育科学研究省の支援を得ている。そこが所轄するボッソウ環境研究所(スマ・アリ・ガスパール所長)と共同研究を実施している。タチアナ・ハムル、ドラ・ビロ、クラウディア・ソウザなど、野外研究の国際化をともに推進してきた共同研究者たちに感謝したい。また、永年にわたりいつもお世話になっている、現地日本大使館の歴代大使ならびに館員の皆様にも御礼を申し上げる。

本書の編集者である濱門麻美子さん、その尽力に深く感謝したい。

そして、著書でこれまで一度も触れたことはないのだが、この歳月を共にしてきた糟糠の妻と、今は独立した二人の子どもたちに、改めて感謝の意を捧げたい。

二〇一一年一月

松沢哲郎

松沢哲郎

1950年生まれ．1974年，京都大学文学部哲学科卒業，理学博士．現在，中部学院大学客員教授．

1978年から「アイ・プロジェクト」とよばれるチンパンジーの心の研究を始め，1986年からは毎年アフリカに行き，野生チンパンジーの生態調査もおこなう．2000年からは，アイと息子のアユムをはじめ三組の母子を対象にして，知識や技術の世代間伝播の研究に取り組む．こうしたチンパンジーの研究を通じて人間の心や行動の進化的起源を探り，「比較認知科学」とよばれる新しい研究領域を開拓してきた．紫綬褒章受章，文化功労者．

著書に『分かちあう心の進化』『進化の隣人　ヒトとチンパンジー』『チンパンジーの心』『チンパンジーはちんぱんじん』(岩波書店)，『チンパンジーから見た世界』(東京大学出版会)，『おかあさんになったアイ』『アイとアユム』(講談社)，編著書に『人間とは何か』『心の進化』『心の進化を語ろう』(岩波書店)，『チンパンジーの認知と行動の発達』(京都大学学術出版会)，共著書に『ぼくたちはこうして学者になった』(岩波書店)などがある．

想像するちから ―チンパンジーが教えてくれた人間の心

2011年2月25日　第1刷発行
2021年7月26日　第15刷発行

著　者　松沢哲郎《まつざわてつろう》

発行者　坂本政謙

発行所　株式会社 岩波書店
〒101-8002 東京都千代田区一ツ橋 2-5-5
電話案内 03-5210-4000
https://www.iwanami.co.jp/

印刷・理想社　カバー・半七印刷　製本・牧製本

ISBN 978-4-00-005617-5　　Printed in Japan